Dieter L. Schmich
Jobsuche mit 45plus

Dieter L. Schmich

Jobsuche mit 45plus

Im besten Alter gelten andere Bewerbungsregeln

dielus **edition**
www.dielus.com

Umschlaggestaltung: dielus
Umschlagabbildung: © iStockphoto.com (OJO_Images)
Printed in Germany

ISBN 978-3-9815711-3-4

Bibliografische Information der Deutschen Bibliothek: Die Deutsche Bibliothek verzeichnet diese Publikation in der Deutschen Nationalbibliografie. Detaillierte bibliografische Daten sind im Internet abrufbar über https://portal.d-nb.de.

Inhalt

Ihre Chancen stehen gut   **7**

1 Die 45plus-Strategie   **11**
1.1 Wettbewerb meiden   12
1.2 45plus-Vorzüge hervorheben   14
1.3 Die zweite Lebenshälfte berücksichtigen   17
1.4 Das Drei-Stufen-Konzept   19

2 Selbstmarketing   **21**
2.1 Verbale Selbstdarstellung   23
    2.1.1 Fachliche Stärken   24
    2.1.2 Charakterliche Stärken   31
2.2 Schriftliche Selbstdarstellung   35
    2.2.1 Tabellarischer Lebenslauf   39
    2.2.2 Bewerbungsanschreiben   60
2.3 Non-verbale Selbstdarstellung   73

3 Jobakquisition   **77**
3.1 Recherchephase   82
    3.1.1 Unpassende Stellenanzeigen   83
    3.1.2 Alltagsbegegnungen   87
    3.1.3 Messebesuche   88
    3.1.4 Privates Umfeld   89
    3.1.5 Internetrecherche   97

3.1.6 Externe Netzwerke   99
3.1.7 Zusammenfassung   102
3.2 Kontaktphase   103
3.2.1 Telefon   107
3.2.2 E-Mail   118
3.2.3 Direktkontakt   123
3.2.4 Zusammenfassung   127
3.3 Bewerbungsphase   129
3.3.1 Bewerbungsmappen per Post   130
3.3.2 Onlinebewerbungen   131
3.3.3 Persönliche Übergabe   135
3.4 Fazit   137

4 Zukunftssicherung   **141**
4.1 Datenbank erstellen   143
4.2 Kontakte pflegen   155
4.3 Beziehungen schaffen   157
4.4 Fazit   171

 # Ihre Chancen stehen gut

Die Gruppe der 45plus-Bewerber steht vor einer besonderen Herausforderung. Sie haben mehr als andere an Ihre berufliche Zukunft zu denken. Allzu viele berufliche Experimente will man jetzt nicht mehr machen, schließlich ertappt man sich immer öfter, auch an die Zeit des Rentenbeginns zu denken. Die nächsten Jahre sollten auf einem sicheren Fundament stehen. Zusätzlich möchte man sich nicht mehr alles zumuten. Sinnfindung und Arbeitsspaß haben einen höheren Stellenwert eingenommen. Schnell beginnt die ganze Sache komplex zu werden. Die Angst, vielleicht zum alten Eisen zu gehören, trifft auf diffuse Zukunftsüberlegungen. Zahlreiche Aspekte kommen zum Vorschein, die ihre Berücksichtigung finden wollen.

Falls auch Sie von diesen Sorgen betroffen sein sollten, kann ich dies gut nachvollziehen – allerdings möchte ich Sie auch beruhigen. Es ist nämlich mehr machbar, als Sie derzeit vermuten. Der Arbeitsmarkt bietet eine ausreichende Menge offener Stellen, bei denen auch 45plus-Bewerber gute Chancen haben. Diese Aussage wird Sie vielleicht verwundern. Dennoch bleibe ich dabei. Es existieren für Sie genug geeignete Vakanzen. Allerdings müssen Ihnen diese erst einmal bekannt sein. Genau das ist der Engpass, vor dem Sie stehen.

Sicher haben Sie bereits selbst bemerkt, dass Sie mit dem Suchen von Stellenanzeigen in Print- und Onlinemedien nicht richtig weiterkommen. Sie finden nur selten passende Inserate bzw. erhalten zu wenige Einladungen, um sich vorstellen zu können. Oder es resultieren daraus Gespräche, in denen sich erst im Nachhinein herausstellt, dass Sie sich Ihre Zeit hätten auch sparen können.

Die Erklärung von alledem ist recht simpel: In der Regel sollen 45plus-Bewerber bei diesen Stelleninseraten gar nicht angesprochen werden. Aufgrund des Gleichbehandlungsgesetzes ist es für Unternehmen natürlich nicht möglich, diese Tatsache auszusprechen. Reagieren Sie also auf öffentlich ausgeschriebene Stellenanzeigen, ist die Wahrscheinlichkeit recht hoch, dass Sie sich an dem für Sie geeigneten Arbeitsmarkt praktisch vorbeibewerben. Diejenigen Positionen, mit denen speziell Sie Ihre beruflichen Wünsche erfüllen können, gibt es woanders. Ganz besonders für 45plus-Bewerber hat sich nämlich ein sogenannter „Verdeckter Stellenmarkt" etabliert. Das bedeutet, es ist zwar eine Vielzahl offener Positionen vorhanden, aber Sie werden einen Großteil davon nicht in Zeitungen oder im Internet finden. Jetzt werden Sie sich vielleicht fragen, wie Arbeitgeber dann ihre Stellen besetzen können. Die Antwort liegt auf der Hand. Sie ergibt sich durch die typische Situation von 45plus-Berufstätigen.

Berufserfahrene Menschen haben aufgrund ihrer langjährigen Laufbahn logischerweise ein größeres berufliches Umfeld vorzuweisen als jüngere Mitarbeiterinnen und Mitarbeiter. Mit den Jahren kennt jeder seine Branche. Ebenso die richtigen Ansprechpartner. Zumindest wissen alte Hasen, wo Sie sich informieren bzw. wen sie ansprechen müssen, wenn sie auf Jobsuche sind. So entstehen Kommunikationskanäle zwischen Bewerbern und Unternehmen, die an den üblichen Bewerbungspfaden vorbeigehen. Die Arbeitgeberseite hat sich praktisch an diesen Umstand gewöhnt.

Das heißt, mit herkömmlichen Bewerbungsstrategien werden Sie ab einem bestimmten Lebensalter nicht mehr weiterkommen. Sie müssen fähig sein, auch solche freien Positionen zu entdecken, die nicht als Stellenanzeige geschaltet sind. Mit diesem Buch werde ich aufzeigen, wie Sie dies bewerkstelligen können. Ich werde Ihnen Techniken an die Hand geben, mit deren Hilfe Sie herausfinden, wo und wann welche Vakanzen tatsächlich offen sind. Im Ergebnis werden Sie ziemlich erstaunt sein, wie groß der „Verdeckte Stellenmarkt" ist. Dort wird der Löwenanteil aller 45plus-Stellen bereitgestellt. Haben Sie erst einmal diesen Teil des Arbeitsmarkts beackert, werden Sie mir zustimmen, dass es auch für Sie genug Chancen gibt.

Es gibt aber noch eine weitere Ursache, warum Sie positiv in Ihre Zukunft blicken können. Die Zeit spielt Ihnen nämlich in die Karten. Die demografische Entwicklung wird dafür sorgen, dass Sie von Jahr zu Jahr immer gefragter sein werden. Ich behaupte sogar, es wird ohne Sie überhaupt nicht mehr gehen. Wir werden alle 45plus-Arbeitnehmer noch dringender benötigen, als wir derzeit wahrhaben wollen. In den nächsten fünfzehn Jahren werden über fünfzig Prozent aller derzeit Beschäftigten in Rente gehen. Sie haben richtig gelesen: Auf der einen Seite werden mehr als die Hälfte aller Angestellten für immer vom Arbeitsmarkt verschwinden, auf der anderen Seite entwickelt sich keine jüngere Generation in ausreichender Größenordnung. Dies alles wird dazu führen, dass schon in naher Zukunft Hunderttausende von Stellen nicht mehr besetzt werden können – und zwar unabhängig davon, ob die Wirtschaft boomt oder nicht.

Wir stecken also mitten im demografischen Umbruch. Infolgedessen beginnen schon die ersten Unternehmen langsam umzudenken (zumindest die weitsichtigen). Es sind dezente Ansätze eines Paradigmenwechsels zu beobachten. Insbesondere in den Branchen, in denen schon jetzt ein Arbeitskräftemangel herrscht, ist dies gut zu beobachten (MINT-Berufe, Soziales, Gesundheit, etc.). Dort halten die Verantwortlichen schon heute mehr Ausschau nach erfahreneren Arbeitnehmern.

Es könnte aber auch sein, dass Sie zu der Zielgruppe zählen, die sich in Branchen bzw. für Tätigkeitsbereiche bewirbt, die vom Fachkräftemangel noch nicht betroffen sind. In diesem Fall müssen Sie sich noch ein wenig in Geduld üben. Auch Unternehmen benötigen ihre Zeit, um demografische Veränderungen zu bemerken. Dann werden Sie in Ihrer Jobsuche mit Firmen konfrontiert sein, die unter einem idealen Kandidaten noch immer jemanden verstehen, der ein

Dieter L. Schmich

bestimmtes Lebensalter nicht überschritten hat. Aber auch diese Problematik ist mit diesem Buch lösbar. Sind Sie nämlich über den „Verdeckten Stellenmarkt" ausreichend informiert, geraten Sie erst gar nicht in den Wettstreit mit jüngeren Mitbewerbern. Sie werden besser und schneller über offene Stellen Bescheid wissen als Ihre jüngere Konkurrenz.

Darüber hinaus gibt es noch einen weiteren Bewerbungsaspekt, der speziell bei Ihrer Altersgruppe besondere Berücksichtigung finden muss – Ihre große Berufs- und Lebenserfahrung. Ein Pfund, das nur Sie zusätzlich in die Waagschale werfen können. Jedoch macht Sie das auch teuer. Auch Arbeitgeber wissen das. Um ein höheres Gehalt zu rechtfertigen, haben Sie also mehr als andere Jobsuchende Ihre langjährig erworbenen Erfahrungen ins rechte Licht zu rücken.

Lange Rede, kurzer Sinn: Im besten Alter gelten andere Bewerbungsregeln. Die Schwerpunkte müssen eher in der Informationsgewinnung über den Arbeitsmarkt sowie im Herausstellen von Berufserfahrung und Persönlichkeit liegen. Diese Kombination von 45plus-Selbstmarketing und der Nutzung des „Verdeckten Stellenmarkts" wird dafür Sorge tragen, dass Ihre nun anstehende Arbeitssuche erfolgreich verlaufen wird – trotz Ihres Lebensalters.

Viel Spaß beim Lesen und Umsetzen.

Dieter L. Schmich

1 Die 45plus-Strategie

Lassen Sie mich gleich zu Beginn klare Worte finden, dann haben Sie schon einmal das einzig Unangenehme in diesem Bewerbungsratgeber hinter sich.

Insbesondere im Vorfeld Ihrer Jobsuche ist es unerheblich, wie agil Sie sind oder was Sie alles zu bieten haben. Sie können sich wie zwanzig fühlen, einen riesigen Erfahrungsschatz mitbringen und maximal flexibel sein. Vielleicht sind Sie sogar hoch motiviert und könnten Bäume ausreisen. Zu allem Überfluss wären Sie vielleicht noch bereit, tatsächlich ein geringeres Gehalt zu akzeptieren. Dies und alles andere wird Ihnen wenig weiterhelfen. Ob gerechtfertigt oder nicht, aufgrund Ihres Geburtsdatums eilt Ihnen bei manchen Arbeitgebern (die nicht weitsichtigen) ein unangenehmer 45plus-Ruf voraus:

- **Sie sind zu teuer.**

- **Sie sind anspruchsvoller.**

- **Sie sind weniger form- und führbar.**

- **Den Zenit Ihrer mentalen und körperlichen Belastungsfähigkeit haben Sie überschritten.**

- **Ihre Mobilität und Flexibilität ist geringer.**

Damit stehen Sie in einer unschönen Sondersituation – Sie werden mit Vorverurteilungen konfrontiert. Natürlich schiebt man Ihnen da etwas unter. Selbstverständlich gibt es auch viele vorausschauende Personalabteilungen, die diese Unterstellungen beiseite wischen, weil sie hochgradig an Ihrem umfangreichen Know-how oder Ihrer gefestigten Persönlichkeit interessiert sind. Dennoch ist unbestritten, dass Sie zumindest in einer bestimmten Bewerbungskonstellation schlechte Karten haben werden: Nämlich dann, wenn Sie sich in den direkten Wettbewerb mit jüngeren, vergleichbar qualifizierten Kandidaten begeben. Und genau diese, für Sie unvorteilhafte Situation rufen Sie herbei, wenn Sie althergebrachte Bewerbungsstrategien verfolgen.

1.1   Wettbewerb meiden

Falls Sie also noch Stellenanzeigen in den Print- oder Onlinemedien suchen, daraufhin schöne Bewerbungsunterlagen anfertigen und diese an die entsprechenden Firmen versenden, begeben Sie sich leichtfertig in den direkten Konkurrenzkampf mit Bewerbungsunterlagen jüngerer Interessierter. Diesen Nachteil könnten Sie sicher kompensieren, indem Sie im Vorstellungsgespräch mit Ihrer Persönlichkeit und Berufserfahrung punkten. Ihr Gegenüber würde erkennen, dass die Vorteile aufgrund Ihres Know-hows und Charisma bei weitem schwerer wiegen als potenzielle Nachteile aufgrund Ihres Lebensalters. Aber bis dahin müssen Sie erst einmal kommen. Viel wahrscheinlicher ist es, dass Ihre Bemühungen schon viel früher abgewürgt werden. Ihre Bewerbungsunterlagen werden schon im Vorfeld aussortiert. Damit wird Ihnen erst gar keine Chance gegeben, eine Konstellation zu erwirken, irgendjemanden in einem Gespräch überzeugen zu können. Sie erhalten ein Standard-Absageschreiben (wenn überhaupt) und das war es dann. Kurzum:

Sie können aufhören, nach Stellenanzeigen zu suchen.

Ebenso ist es wenig aussichtsreich, zahlreiche Personalabteilungen mit Initiativbewerbungen zu überschwemmen. Immer dann, wenn Sie in den direkten Vergleich mit anderen schriftlichen Unterlagen geraten, werden Sie wahrscheinlich den Kürzeren ziehen. Was ist jetzt die Lösung?

Sie können den Wettbewerb meiden, indem Sie über solche offene Stellen informiert sind, die andere nicht kennen.

Wenn Sie sich jetzt darauf spezialisieren würden, solche Vakanzen zu finden, die nicht im Internet oder in Zeitungen öffentlich ausgeschrieben sind, dann wären Sie doch in der Lage, sich der Konkurrenz elegant zu entziehen, richtig? Manchmal könnten Sie dadurch sogar die einzige Bewerberin oder der einzige Bewerber auf eine interessante Stelle sein. Ihre Erfolgsaussichten, Ihr neues berufliches Glück zu finden, würden doch dramatisch steigen? Und genau darum geht es unter anderem auch bei der 45plus-Strategie.

Konzentrieren Sie sich auf den „Verdeckten Arbeitsmarkt".

Der Stellenmarkt wird heute unterschieden in „Verdeckte Stellenangebote" und „Veröffentlichte Stellenangebote". Das heißt, es gibt offene Positionen, die in Print- oder Onlinemedien als Stellenanzeige öffentlich ausgeschrieben sind, und solche, die der Allgemeinheit sozusagen vorenthalten werden. Viele Arbeitgeber gehen heute andere Wege, um ihre Positionen zu besetzen (interne Ausschreibungen, Netzwerke, etc.).

Es müsste sich mittlerweile herumgesprochen haben, dass zumindest das Gros der attraktiven Vakanzen im „Verdeckten Stellenmarkt" zu finden ist.

Dazu gibt es im Übrigen auch Fakten: Das Institut für Arbeitsmarkt- und Berufsforschung der Bundesagentur für Arbeit in Nürnberg (IAB) untersucht regelmäßig die Besetzungswege für offene Positionen. Laut IAB betrug der Anteil „Verdeckter Stellen" in den letzten Jahren zirka 50 Prozent. Sie haben richtig gelesen – demnach können Sie einen großen Teil offener Stellen nicht mehr in den Print- oder Onlinemedien finden. Dies gilt im Übrigen auch im Allgemeinen. Sie als 45plus-Jobsuchender sind aber besonders von dieser Tatsache betroffen. Ich mache regelmäßig die Erfahrung, dass für Ihre Zielgruppe der Anteil „Verdeckter Stellen" exorbitant höher liegt.

Infolgedessen muss eine für Sie passende Strategie beinhalten, solche unsichtbaren Stellen aufspüren zu können. Sie benötigen spezielle Instrumente. Dazu bieten sich einige Bewerbungstechniken an, die eher aus der Verkaufs- und Netzwerkphilosophie stammen. Sie werden damit aktiv nach solchen freien Stellen suchen, von denen die Mehrheit der Jobsuchenden nichts weiß. Daraus wird sich sozusagen ein Informationsvorsprung ergeben.

> **Die 45plus-Jobsuche stellt sich eher als Jobakquisition dar.**

Diese Vorgehensweise wird ein wichtiger, erster Baustein für Ihre Bewerbungsstrategie darstellen. Damit aber nicht genug. Es gibt noch einen weiteren, zweiten Faktor, der mit eingebunden werden muss, um ein schlagkräftiges 45plus-Konzept entstehen zu lassen.

1.2 45plus-Vorzüge hervorheben

Durch das Akquirieren von „Verdeckten Stellen" werden Sie eine ausreichende Menge von Vorstellungsgesprächen realisieren können. Dies ist aber für eine altersspezifische Vorgehensweise bei weitem noch nicht ausreichend. Insbesondere 45plus-Jobsuchende müssen sich einen zusätzlichen Vorteil sichern. Sie sollten in der Lage sein, Ihre besonders umfangreichen Praxiskenntnisse in den Vordergrund zu stellen, damit Arbeitgeber bereit sind, ihre Bedenken zu überwinden. Sie haben nicht nur Vorurteile über mögliche 45plus-Defizite zu zerstreuen, sondern auch handfeste Gründe für ein höheres Gehalt zu liefern. Entscheidungsträger sollten davon überzeugt werden, dass es ein lukratives Geschäft ist, Sie einzustellen.

> **Sie haben mehr als andere zu verkaufen, dass der Vorteil aufgrund Ihrer Berufserfahrung höher zu bewerten ist als der Nachteil, Ihnen ein attraktives Gehalt zu überweisen.**

Vielleicht waren Sie es in Ihrer bisherigen Laufbahn gewohnt, dass Ihr Einkommen alleine deshalb stieg, weil einfach die Zeit verstrich. Sie verdienten von Jahr zu Jahr automatisch mehr. Dies war früher durchaus üblich. Die Bezahlung von Beamten basiert im Wesentlichen noch heute auf diesem Prinzip. In der freien Wirtschaft gibt es diesen Automatismus schon lange nicht mehr.

> **Sie werden leistungs- und nicht altersgerecht bezahlt.**

Ob Sie Ihre Gehaltsforderungen oder sonstigen beruflichen Vorstellungen durchsetzen können, hängt maßgeblich davon ab, ob auch die Unternehmensseite der Meinung ist, dass Ihr Mehr an Erfahrung auch zu besseren Arbeitsergebnissen führt.

Viele Ihrer Generation haben nicht automatisch erlernt, sich zu vermarkten. Schließlich gab es keinen triftigen Grund dazu. Noch bis in die 1990er Jahre hinein absolvierte man in der Regel erst einmal seine gewerbliche, fachschulische oder akademische Berufsausbildung und startete im Anschluss problemlos sein Berufsleben. Danach verweilte man über viele Jahre oder Jahrzehnte hinweg beim gleichen Arbeitgeber, um dann irgendwann seinen wohlverdienten Ruhestand anzutreten. Großartige Bewerbungsphasen und die dadurch entstehenden Konkurrenzkonstellationen mit anderen Jobsuchenden gab es in der Regel nicht. Die berufliche Laufbahn verlief auch ohne Selbstmarketing meist in einer zufriedenstellenden Art und Weise.

Diese komfortable Situation gibt es heute nicht mehr. Sie haben sich dem Wettbewerb um die besten Arbeitsplätze zu stellen. Sie müssen sich mehr denn je verkaufen. Um diese Notwendigkeit zu erkennen, sollten Sie sich ins Gedächtnis rufen, was Sie eigentlich von der Gegenseite wollen:

Sie suchen eine Firma, die Geld auf Ihr Konto überweisen soll.

Möglicherweise streben Sie aber auch Erfüllung oder andere berufliche Annehmlichkeiten an. Auf jeden Fall erwarten Sie etwas ganz Bestimmtes von einem neuen Arbeitgeber. Im Gegenzug müssen Sie infolgedessen etwas anbieten, das dort mindestens als gleichwertig erachtet wird. Sie gehen sozusagen eine Geschäftsbeziehung ein. Fassen Sie Ihre Arbeitskraft daher als eine Art Dienstleistung auf, die Sie an Unternehmen verkaufen möchten.

Je besser Sie sich vermarkten, umso höher wird Ihr berufliches Know-how (Marktwert) eingeschätzt. Dabei haben Sie jedoch die Sichtweise einer Firma einzunehmen, schließlich bezahlt man dort dafür:

Arbeitgeber zeigen in ihrer Personalauswahl das gleiche Verhalten wie Sie, wenn Sie Ihre privaten Einkäufe tätigen.

Wären Sie zum Beispiel bereit, für einen Pkw € 10.000,- mehr hinzulegen als notwendig, nur weil der Hersteller Ihnen mitteilt, dass er den erhöhten Umsatz dringend braucht? Oder weil er als Produzent zwanzig Jahre länger als seine Konkurrenz auf dem Markt ist? Würden Sie in einem Reisebüro das Doppelte für Ihren Urlaub bezahlen wollen, nur weil der Inhaber Ihnen mitteilt, dass er noch seine Immobilie abzuzahlen hätte oder er das Auslandsstudium seiner Kinder finanzieren müsse?

Auch Sie erwerben eine Dienstleistung oder ein Produkt nur dann, wenn aus Ihrer Sicht der Nutzen eines Kaufs höher liegt als der zu erwartende Nachteil, einen bestimmten Preis zahlen zu müssen.

Zusammenfassend haben Sie also Ihre große Berufs- und Lebenserfahrung mehr als andere ins rechte Licht zu rücken. Damit steht der zweite notwendige Baustein einer 45plus-Strategie fest. Es gibt jedoch noch eine dritte, wichtige Anforderung, die es zu beachten gibt. Speziell in Ihrer Lebensphase haben Sie mehr als herkömmliche Bewerber auch an den verbleibenden Zeitraum bis zu Ihrem Rentenbeginn zu denken.

1.3 Die zweite Lebenshälfte berücksichtigen

Sie können Selbstmarketing auf höchstem Niveau betreiben und viele Firmen von Ihrem beruflichen Können überzeugen. Zusätzlich können Sie sich der Konkurrenz durch Jüngere entledigen und sich die Sahnestückchen im „Verdeckten Arbeitsmarkt" herauspicken. Wenn jedoch der neue Job nur wenige Jahre hält, weil Sie Opfer von Rationalisierungsmaßnahmen werden oder Ihr neuer Arbeitgeber ganz einfach pleitegeht, hat Ihnen letztendlich die ganze clevere Bewerbungsstrategie wenig weitergeholfen. Kommt eine erneute Jobsuche auf Sie zu, fangen Sie gerade wieder von vorne an.

Speziell in Ihrem Lebensalter sollten Sie es tunlichst vermeiden, alle paar Jahre erneut eine Bewerbungsphase starten zu müssen. Je älter Sie werden, umso weniger können Sie sich das leisten. Je weiter Sie sich einem rechnerischen Renteneintrittsalter nähern, umso stärker wird Ihnen ein negatives 45plus-Image unterstellt (zumindest aus Arbeitgebersicht), umso schwerer wird die Bewerbungsphase. Damit wären wir beim dritten Kriterium, das eine spezifische 45plus-Strategie erfüllen muss:

> **Ihre anstehende Bewerbungsphase muss in dieser Form unbedingt die letzte in Ihrem Leben sein.**

Mit Ihrer jetzigen Jobsuche müssen Sie bereits die beruflichen Alternativen der Zukunft gleich mit generieren. Dies realisieren Sie, indem

Dieter L. Schmich

Sie die nun anstehende Jobsuche zusätzlich mit dem Aufbau von beruflichen Kontakten kombinieren.

Besteht dann Ihre nächste Anstellung langfristig und Sie benötigen in der Zukunft keine beruflichen Alternativen, dann ist alles in Ordnung. Wenn nicht, verfügen Sie über einen Pool von Ansprechpartnern, mit deren Hilfe Sie unbürokratisch und schnell einen neuen Job finden – ohne sich umständlich bewerben zu müssen. Dieses Beziehungsnetz wird Ihnen die nötige Sicherheit geben.

> **Sie sollten nie mehr in die Situation geraten, auf kein berufliches Netzwerk zurückgreifen zu können.**

Im Übrigen ist der derzeitige Trend zum Networking die Hauptursache für den bereits erwähnten „Verdeckten Stellenmarkt". Insbesondere Arbeitnehmer Ihrer Generation können auf eine lange Zeit eines privaten und beruflichen Lebens zurückblicken. Logischerweise ergeben sich dadurch mehr Gelegenheiten, Menschen kennenzulernen, als bei jüngeren Laufbahnen. So entstehen mit den Jahren oft automatisch berufliche und soziale Kontakte, von denen man in jeder Lebenssituation profitieren kann. Es liegt damit in der Natur der Sache, dass erfahrenere Arbeitnehmer über ein größeres Netzwerk verfügen als jüngere Beschäftigte.

Dies hat dazu geführt, dass viele 45plus-Berufstätige in der Regel ausreichend informiert sind, wo und wann gerade die besten Stellen vakant sind. Personalverantwortliche sind es daher schlichtweg gewohnt, 45plus-spezifische Stellen nicht öffentlich ausschreiben zu müssen. Man kennt sich bereits mehr oder weniger.

Jedoch gibt es auch Angestellte, die dem Sicherheitseffekt von Netzwerken bisher wenig Bedeutung beimaßen. So entstand in der Berufswelt eine Zweiklassengesellschaft: Die Gruppe der weitsichtigen 45plus-Jobsuchenden, die frühzeitig berufliche Verbündete schufen und diejenigen, die schlicht vergessen haben, entstandene Kontakte ausreichend zu pflegen.

Aber keine Sorge, mit dem vorgestellten Konzept benötigen Sie vorerst kein funktionierendes Netzwerk. Ich werde aufzeigen, wie Sie für Ihre Jobsuche diesen Nachteil vorerst kompensieren können. Aber Sie sollten Versäumtes rechtzeitig nachholen. Mit dem dritten Baustein der 45plus-Strategie können Sie nachträglich ein Sicherheitsnetz für Ihre Zukunft schaffen.

1.4 Das Drei-Stufen-Konzept

In der Summe muss also eine Strategie, die die Situation von 45plus-Bewerbern berücksichtigt, drei Anforderungen gleichzeitig erfüllen:

- **Typische 45plus-Vorzüge, wie Charisma und Berufserfahrung, sind in den Vordergrund zu stellen.**

- **Informationen über nicht öffentlich ausgeschriebe Stellen müssen gewonnen werden.**

- **Es sollten Rahmenbedingungen entstehen, um künftig nicht mehr in die Situation zu kommen, keine beruflichen Alternativen zu haben.**

Mit herkömmlichen Bewerbungstechniken werden Sie diese drei Kriterien nicht erfüllen können. Vielmehr benötigen Sie Bewerbungsinstrumente, die eher aus der Verkaufs- und Netzwerkphilosophie stammen.

Sie haben also Selbstmarketing zu betreiben, „Verdeckte Stellen" zu akquirieren und Ihre Zukunft abzusichern. Damit entspricht die 45plus-Strategie einem Gesamtkonzept, das aus drei Modulen besteht:

1. **Selbstmarketing**

2. **Jobakquisition**

3. **Zukunftssicherung**

Starten wir nun mit dem ersten Thema des „Drei-Stufen-Konzepts" für eine erfolgreiche Jobsuche mit 45plus.

2 Selbstmarketing

Der Begriff Marketing stammt aus der Betriebswirtschaftslehre. Der „Deutsche Marketing-Verband" bietet folgende Definition an: „Marketing ist eine marktorientierte Unternehmensführung, die Aktivitäten auf die Wünsche und Bedürfnisse von Kunden ausrichtet, mit dem Ziel, seine Verkäufe, das heißt seine Gewinne zu erhöhen."

Diesen Gedanken können Sie auf Ihre Jobsuche übertragen: Dabei sind Arbeitgeber praktisch Ihre Kunden. Ihre Arbeitskraft ist Ihr Produkt. Ihr Verkaufspreis wäre Ihr Gehalt und der Arbeitsmarkt entspräche dann dem Markt, auf dem Sie sich mit Ihrem Produkt positionieren möchten. Selbstmarketing soll demnach bedeuten:

> **Arbeitgeber als Kunden zu sehen, denen Sie Ihre Arbeitskraft werbewirksam vermittelt, um einen Verkaufserlös in Form einer Gehaltszahlung zu realisieren.**

Sie haben Ihre Arbeitskraft sozusagen als Dienstleistung einem Unternehmen gegen Gehalt zu verkaufen. Dieses Prinzip ist Ihnen hinreichend bekannt, denn Sie beachten es in vielen Bereichen Ihres Lebens automatisch. Wenn Sie beispielsweise einen Pkw veräußern möchten, werden Sie in Ihrer Anzeige sicher nicht schreiben „Fahrzeug kann fahren, hat einen Motor, ein Lenkrad und vier Räder". Vielmehr werden Sie von Sonderausstattungen sprechen und grundsätzlich von dem, was Ihren Pkw von anderen Fahrzeugen positiv unterscheidet. Sie werden es sozusagen ins rechte Licht rücken. Genau das haben Sie auch mit Ihrer Arbeitskraft zu machen. Ihre

Sonderausstattung als 45plus-Bewerber ist Ihre langjährig erworbene Lebens- und Berufserfahrung. Demzufolge müssen Sie sich genau darauf fokussieren.

Sie haben Ihr Selbstmarketing infolgedessen Ihrem Lebensalter anzupassen. Es ist für Sie nicht mehr ausreichend, einige Positionsangaben oder Berufsabschlüsse zu nennen, wenn Sie Ihre Qualifikation beschreiben möchten. Ihre Persönlichkeit und Berufserfahrung müssen im Mittelpunkt stehen. Dies schaffen Sie nur dann, wenn Sie sich im ersten Schritt erst einmal darüber klar werden. Es ist immer wieder sehr bedauerlich, wenn Jobsuchende eine hochinteressante Stelle entdecken, dabei vielleicht sogar die einzige Bewerberin oder der einzige Bewerber sind und sie nur deshalb den Arbeitgeber nicht überzeugen können, weil sie selbst nicht so recht wissen, warum sie die richtige Kandidatin oder Kandidat sind.

Es ist infolgedessen erst einmal zu prüfen, ob Sie sich überhaupt der Tatsache bewusst sind, dass Sie aufgrund Ihres Lebensalters ein enormes Know-how mitbringen. Wenn ja, drängt sich eine weitere Frage auf: Sind Sie in der Lage, das Ganze auch werbewirksam potenziellen Arbeitgebern zu vermitteln? Können Sie Ihre 45plus-Sonderausstattungen gleich auf drei verschiedenen Kommunikationsebenen geschickt darstellen?

1. Verbal

3. Schriftlich

2. Nonverbal

Es gibt also zahlreiche Gründe, zunächst Ihre 45plus-Sonderaustattungen ein wenig näher unter die Lupe zu nehmen. Infolgedessen stehen erst einmal folgende zwei Aufgaben an:

- **Analyse Ihrer fachlichen und charakterlichen Stärken.**
- **Werbewirksame Dokumentation der Ergebnisse.**

Schon allein mit der Analyse Ihrer Persönlichkeit und Ihren Berufserfahrungen, das heißt mit der Erarbeitung Ihres Profils, werden Sie in Ihrer Kommunikation über sich selbst eine deutliche Veränderung bemerken. Machen wir uns also an die Arbeit.

2.1 Verbale Selbstdarstellung

Die Gesamtheit aller beruflichen Kenntnisse und Fähigkeiten bezeichnet man als „Berufliches Profil". Möchten Sie dieses einem möglichen Arbeitgeber mündlich vermitteln, muss es Ihnen zuerst einmal selbst bekannt sein. Es ist also etwas zu analysieren und zu dokumentieren. Damit steht zunächst eine Fleißarbeit an, bevor Sie Ihre Jobsuche starten können.

Wenn es um die Untersuchung Ihrer Stärken geht, haben Sie sich grundsätzlich mit den drei „Ws" zu beschäftigen:

- **Was will ich?**

- **Was kann ich?**

- **Was ist machbar?**

Als Erstes haben Sie sich die Frage zu stellen, welche Berufstätigkeit Sie anstreben möchten. Es ist zunächst nicht weiter tragisch, falls Sie keine eindeutige Antwort darauf wissen. Meist ist es schon ausreichend, wenn Sie sich auf einen Aufgabenbereich oder auf eine Bandbreite möglicher Tätigkeiten festlegen. Im Rahmen der später folgenden „Jobakquisition" werden Sie mit einer großen Menge von Informationen in Berührung kommen. Dadurch ergeben sich erfahrungsgemäß sowieso neue Gesichtspunkte. Wahrscheinlich werden sich währenddessen Ihre beruflichen Wünsche (Was will ich?) einige Male leicht verschieben.

Dennoch müssen Sie zunächst eine Entscheidung treffen, zumindest in welche grobe Richtung Ihre berufliche Reise gehen soll. Haben Sie ruhig den Mut, zunächst ein anspruchsvolles Ziel in die

folgende Tabelle einzutragen. Falls sich dieses im Laufe Ihrer Bewerbungsphase doch als unrealistisch herausstellen sollte (Was ist machbar?), werden Sie das schnell bemerken. Danach können Sie immer
noch Kompromisse eingehen.

Was will ich?	Notizen
Welche Tätigkeit oder welche Aufgabenbandbreite strebe ich an?	_Labor Handwerk, optimieren Technik, prakt. Arbeit_
Bevorzuge ich eine bestimmte Branche? Wenn ja, welche?	_Labor, Zellkultur, Pflanzen_

Haben Sie Ihre Wünsche eingetragen, müssen Sie sich im Anschluss
darüber Gedanken machen, was Sie im Gegenzug zu bieten haben
(Was kann ich?). Hierfür müssen Sie alle Ihre bisherigen Kenntnisse
und Fähigkeiten eingehend überdenken. Selbstverständlich liegt es in
der Natur der Sache, dass Sie dabei aus dem Vollen schöpfen können.
Schließlich haben Sie schon einige Jahre Berufsleben auf dem Buckel.
Grundsätzlich untergliedert sich Ihr Können in zwei Bestandteile:

1. **Fachliche Stärken (Hardskills)**

2. **Charakterliche Stärken (Softskills)**

2.1.1 Fachliche Stärken

Zum fachlichen Teil von 45plus-Profilen zählen in der Hauptsache
berufliche Praxiskenntnisse. Selbstverständlich gehören auch Ihre
Berufsausbildung sowie Fort- und Weiterbildungen dazu. In Ihrem
spezifischen Fall muss jedoch berücksichtigt werden, dass Ihr ur-
sprünglicher Berufsabschluss (bzw. Titel) oder sonstige lange zurück-

liegende Fort- und Weiterbildungen jetzt keine größere Rolle mehr spielen. Niemand erwartet, dass Sie von den damaligen Ausbildungs- inhalten noch heute profitieren können:

Bei 45plus-Bewerbern stehen eher Berufserfahrungen und nicht Berufsabschlüsse im Fokus der fachlichen Stärken.

Starten wir nun mit der Analyse Ihrer Erfahrungen. Es ist am effek- tivsten, wenn Sie Schritt für Schritt vorgehen. Erinnern Sie sich zu- nächst an jede einzelne Station Ihrer Laufbahn. Als Erstes betrachten Sie Ihre aktuelle bzw. letzte berufliche Situation. Von hier aus gehen Sie dann in Ihrem Leben Jahr für Jahr zurück. Stellen Sie sich dabei nur eine einzige Frage:

Wann und wo habe ich was gemacht?

Zunächst haben Sie nur Daten und Informationen niederzuschreiben – nichts weiter. Es soll eine simple Stoffsammlung entstehen.

Stoffsammlung

Auf den nächsten Seiten folgen nun Tabellen, in denen Sie sich zu jeder einzelnen Lebenslaufstation Ihre Praxiskenntnisse notieren kön- nen. Insbesondere Ihre Aufgaben aus den letzten zehn bis fünfzehn Jahren sollten Sie ein wenig umfangreicher beschreiben (je nachdem wie relevant sie für den aktuellen Berufswunsch sind). Bei Berufser- fahrungen, die weiter zurückreichen, genügen wenige Stichworte. Zunächst notieren Sie sich alle Tätigkeiten und Verantwortlichkeiten im Rahmen der jeweiligen Beschäftigungsverhältnisse. Sie brauchen jetzt noch nicht in „bedeutend" oder „unbedeutend" zu kategorisie- ren. Diese Bewertung folgt an einer anderen, späteren Stelle.

Das Ziel dieses ersten Schrittes ist lediglich, eine wertfreie Stoff- sammlung aller Aktivitäten Ihrer Laufbahn zu erhalten. Im Kopf der folgenden Tabelle sind grundlegende Begriffe für Tätigkeitsbereiche aufgelistet. Diese Stichworte sollen Sie inspirieren. Sie werden Ihnen dabei helfen, dass Ihnen Einsatzbereiche und Verantwortlichkeiten schneller einfallen (<u>W</u>as kann ich?). Mit dieser Gedankenstütze werden Sie sich einiges notieren können.

    Denken Sie sich in jede Ihrer beruflichen Stationen hinein und prüfen mithilfe der Stichworte, welche Aufgaben Sie bewältigt hatten.

1 Was kann ich?	Stoffsammlung	von/bis Monat/Jahr
• Bürotätigkeiten? • Büroorganisation? • Sachbearbeitung? • Auftragsabwicklung? • Buchhaltung? • Rechnungen? • Bankkonto? • Liquiditätskontrolle? • Budgetverantwortung? • Vollmachten? • Personalverantwortung? • Einarbeitung Mitarbeiter? • Verantwortlichkeiten?	• Auszeichnungen/Erfolge? • Verkaufserfolge? • Kundenberatung? • Kundenakquisition? • Sonstiger Kundenkontakt? • Marketing/Promotion? • Lager-/Logistikaufgaben? • Durchführung von Events? • Assistenzen? • Stellvertretungen? • Alleinverantwortungen? • Eigene Projekte? • Einsatz von Fremdsprachen?	• PR, Design und Texte? • Organisation/Konzeption? • EDV/Hardware/Software? • Sonstige IT-Kenntnisse? • Pädagogische Erfahrungen? • Durchführung Schulungen? • Präsentationspraxis? • Technische Entwicklungen? • Konstruktionen? • Sonst. techn. Erfahrungen? • Therapeutische Kenntnisse? • Handwerkliche Aufgaben? • Fort- und Weiterbildungen?
Beispiel	**MM/JJ - MM/JJ, Assistentin der Geschäftsleitung bei Muster AG, Musterdorf** *Korrespondenz in Deutsch, Englisch und Russisch, ~~Terminkoordination, Kundenempfang/Kundenbetreuung, Terminierung und Koordination des Verkaufsteams,~~ Führung Kassenbuch und Liquiditätskontrolle, Vollmacht Bankkonto, ~~Konzeption und Durchführung von Firmen- und Kundenevents,~~ SAP R/3, MS Office, Vorbereitung der Belege zur Abgabe beim Steuerberater, Verantwortung und Betreuung neuer Mitarbeiter, Bewerbungsunterlagen sichten, Begleitung von Personalauswahlverfahren.*	
Letzte Position, Firmenbezeichnung, Ort Tätigkeitsbeschreibung	....	

Vorletzte Position,
Firmenbezeich-
nung, Ort

Tätigkeitsbeschrei-
bung

Weitere Position,
Firmenbezeich-
nung, Ort

Tätigkeitsbeschrei-
bung

Weitere Position,
Firmenbezeich-
nung, Ort

Tätigkeitsbeschrei-
bung

Weitere Position,
Firmenbezeich-
nung, Ort

Tätigkeitsbeschrei-
bung

Dieter L. Schmich

2	Berufsausbildung oder Studium	Stoffsammlung	von/bis Monat/Jahr
Wo, wann, Abschluss? - Zusatzabschluss? - Fachrichtung?		CTA 90 – 91 Biotechn. Studium	
Wo, wann, Abschluss? - Zusatzabschluss? - Fachrichtung?		92 – 98	

3	Schule	Stoffsammlung	von/bis Monat/Jahr
Höchster Schulabschluss - Bezeichnung des Abschlusses?		Realschule Fachhochschulreife	
(Und/oder) höchster Abschluss bei einem sonstigen Bildungsträger - Bezeichnung des Abschlusses?		CTA Diplom-Ing FK f. Integration	

4	Sonstige Kenntnisse und Fähigkeiten	Stoffsammlung	von/bis Monat/Jahr
Aktuelle Fort- und Weiterbildungen?		Zellkultur Mol-Biol	
Aktuell ehrenamtliche und gemeinnützige Tätigkeiten?			

4	Sonstige Kenntnisse und Fähigkeiten	Stoffsammlung	von/bis Monat/Jahr
Aktuelle Verantwortlichkeiten in Vereinen, Verbänden oder Ähnlichem?			
Berufsrelevante Hobbys?			
Führerscheine und weitere Zulassungen?			
Sprachkenntnisse und Sprachreisen?		Duolingo Engl.	
Hard- und Softwarekenntnisse?			
Sonstiges?			

Sind Sie damit fertig, liegen Ihnen nicht nur alle Lebenslaufstationen, sondern auch alle währenddessen erworbenen Kenntnisse und Fähigkeiten vor. Im nächsten Schritt haben Sie die Relevanz Ihrer Aufzeichnungen zu prüfen.

Bewertung nach beruflicher Relevanz

Jetzt wird es schon ein wenig anspruchsvoller. Hier geht es nicht um die einzelnen Stationen per se (diese sollten immer zumindest kurz genannt werden), sondern um die dazugehörigen Notizen:

> **Überlegen Sie, welche Ihrer praktischen Kenntnisse für einen Arbeitgeber wichtig sein könnten.**

Ein Grundprinzip des Verkaufens ist, sich in die Interessenslage des Kunden hineinzuversetzen (Ihres potenziellen Arbeitgebers). Falls Sie mit Ihrem Arbeitsangebot auf eine Nachfrage treffen, sind Sie bereits einen großen Schritt weiter. Stellt sich also die Frage, was wird wohl von Ihren notierten Stichpunkten bei Arbeitgebern nachgefragt?

Unternehmen sind in letzter Konsequenz auf Gewinnerzielung ausgerichtet. Sie haben ihre Einnahmen zu erhöhen und Kosten zu senken. Betrachten Sie also die Stoffsammlung Ihrer Berufserfahrungen und stellen Sie sich einige Fragen:

- **Welche meiner notierten Punkte sind in Bezug meines Berufswunschs grundsätzlich relevant?**

- **Welche Punkte können meine Einarbeitungszeit mindern?**

- **Welche können zumindest indirekt Kosten reduzieren oder Gewinne bzw. Umsätze erhöhen?**

- **Welche meiner Erfahrungen bieten einem künftigen Team oder einem Vorgesetzten direkte Vorteile?**

- **Was hebt mich dabei von anderen Bewerbern ab?**

Gehen Sie nun Punkt für Punkt Ihrer Stoffsammlung durch und spielen Sie ein bisschen Detektiv: Welche Schnittmenge gibt es zwischen

Ihren Berufserfahrungen und dem, was ein Arbeitgeber wohl wünschen könnte.

Natürlich werden Sie manchmal keine eindeutigen Aussagen zur Relevanz treffen können, schließlich sind Sie kein Unternehmensberater. Dennoch wird Sie die Beschäftigung mit diesen Themen deutlich voranbringen. Es ist eine unbedingte Voraussetzung dafür, sich zumindest an die Denkweise zu gewöhnen, sich selbst vermarkten zu wollen. Zudem wird Ihnen klar, dass auch der Arbeitsmarkt dem Mechanismus von Angebot und Nachfrage unterworfen ist.

Wenn Sie schließlich Ihre Tätigkeiten ausreichend bewertet haben, sollten Sie dies auch mit Personen Ihres Vertrauens besprechen. Idealerweise mit Menschen, die aus der von Ihnen gewünschten Branche kommen (bzw. Aufgabengebiet).

Haben Sie schließlich alles überdacht bzw. diskutiert, folgt der letzte Schritt:

> **Streichen Sie alle Notizen aus der Stoffsammlung, die für Ihre angestrebte Tätigkeit nicht relevant sind.**

Jetzt wissen Sie auch, warum in dem gezeigten Eingangsbeispiel (erste Tabelle der Stoffsammlung) einige Berufserfahrungen als gestrichen markiert sind.

Nach getaner Arbeit entsteht eine zielorientierte Essenz Ihrer Berufserfahrungen. Sie haben aber noch mehr zu bieten. Ihr Charisma ist sicher ein wichtiger Wettbewerbsvorteil gegenüber jüngeren Mitarbeitern. Gehen wir deshalb weiter zu Ihren Persönlichkeitsmerkmalen.

2.1.2 Charakterliche Stärken

Wir widmen uns nun Ihren Charaktereigenschaften (Softskills). Diese sind der zweite Bestandteil Ihres beruflichen Profils. Sie verfügen garantiert über viele Stärken, die für Arbeitgeber interessant sind.

Stoffsammlung

Auf den folgenden Seiten sehen Sie wieder Tabellen. Dort können Sie mögliche Eigenschaften Ihrerseits einschätzen. Nehmen Sie sich genügend Zeit und gehen Sie Punkt für Punkt in Ruhe durch:

Was kann ich?	Sehr gut	Gut	Durch-schnittlich	Unterdurch-schnittlich	Nicht vorhanden
Allgemeinwissen	☐	☐	☒	☐	☐
Analytische Fähigkeiten	☐	☐	☒	☐	☐
Anpassungsvermögen	☒	☐	☐	☐	☐
Arbeitseffizienz	☐	☒	☐	☐	☐
Aufgeschlossenheit	☐	☐	☐	☒	☐
Beobachtungsgabe	☒	☐	☐	☐	☐
Begeisterungsfähigkeit	☐	☐	☒	☐	☐
Blick für das Machbare	☐	☐	☒	☐	☐
Detailtreue	☐	☒	☐	☐	☐
Diplomatisches Geschick	☐	☒	☐	☐	☐
Durchhaltevermögen	☐	☒	☐	☐	☐
Durchsetzungsvermögen	☐	☐	☐	☒	☐
Eigeninitiative	☐	☐	☒	☐	☐
Einfühlungsvermögen	☐	☒	☐	☐	☐
Eigenverantwortung	☐	☐	☒	☐	☐
Entscheidungsfreude	☐	☐	☒	☐	☐
Geduld	☐	☒	☐	☐	☐
Gehobene Umgangsformen	☐	☐	☒	☐	☐
Herzlichkeit	☐	☒	☐	☐	☐
Kommunikationsfähigkeit	☐	☒	☐	☐	☐
Kontaktfähigkeit	☐	☐	☒	☐	☐
Kooperationsfähigkeit	☐	☒	☐	☐	☐
Konzentrationsfähigkeit	☐	☐	☒	☐	☐
Kreativität	☐	☒	☐	☐	☐
Körperliche Fitness	☐	☒	☐	☒	☐
Kundenorientierung	☐	☐	☐	☐	☐
Lernbereitschaft	☒	☐	☐	☐	☐
Leistungsfähigkeit	☐	☐	☒	☐	☐

Selbstmarketing

Was kann ich?	Sehr gut	Gut	Durch-schnittlich	Unterdurch-schnittlich	Nicht vorhanden
Logisches Denkvermögen	☐	☐	☒	☐	☐
Loyalität	☒	☐	☐	☐	☐
Optimismus	☐	☐	☐	☒	☐
Organisationsfähigkeit	☐	☒	☐	☐	☐
Positives Denken	☐	☐	☐	☒	☐
Praktische Intelligenz	☐	☒	☐	☐	☐
Qualitätsbewusstsein	☐	☒	☐	☐	☐
Problemlösungskompetenz	☐	☒	☐	☐	☐
Realitätssinn	☐	☒	☐	☐	☐
Selbstdisziplin	☐	☐	☒	☐	☐
Selbstständigkeit	☐	☐	☐	☒	☐
Soziale Kompetenz	☐	☐	☐	☒	☐
Sprachgewandtheit	☒	☐	☐	☐	☐
Stressbeständigkeit	☐	☐	☐	☒	☐
Technisches Verständnis	☐	☐	☒	☐	☐
Teamgeist	☐	☐	☒	☐	☐
Toleranz	☐	☐	☒	☐	☐
Verantwortungsbewusstsein	☐	☐	☒	☒	☐
Überzeugungskraft	☐	☐	☐	☒	☐
Unternehmerisches Denken	☐	☐	☒	☐	☐
Verkäuferisches Geschick	☐	☐	☐	☒	☐
Zügige Arbeitsweise	☐	☐	☒	☐	☐
....	☐	☐	☐	☐	☐
....	☐	☐	☐	☐	☐
....	☐	☐	☐	☐	☐

Sicher fallen Ihnen noch weitere Merkmale ein, die Sie zum Schluss in der Tabelle noch ergänzen können.

Bewertung nach beruflicher Relevanz

Nach getaner Arbeit haben Sie sich wieder in einen potenziellen Arbeitgeber hineinzudenken. Zusätzlich berücksichtigen Sie noch Ihre

Konkurrenz (andere Bewerber). Stellen Sie sich deshalb die beiden, Ihnen bereits bekannten, Fragen:

- **Welche Merkmale sind in meiner gewünschten Berufstätigkeit relevant bzw. bieten Vorteile für ein Unternehmen?**

- **Was hebt mich von anderen Bewerbern ab?**

Im Übrigen nennt die Mehrzahl aller Jobsuchenden „Zuverlässigkeit" als Charakterstärke in ihrem Anschreiben. Das ist folglich keine Stärke, mit der Sie sich von anderen Bewerbern unterscheiden können. Demzufolge habe ich einige charakterliche Selbstverständlichkeiten in der obigen Liste nicht mit aufgenommen.

Zum Schluss müssen Sie sich wieder entscheiden: Streichen Sie alle Ihre nicht ganz hervorstechenden Wesensmerkmale, bis sich Ihre Persönlichkeit herauskristallisiert. Es sollten etwa drei bis sechs Punkte übrig bleiben. Diese übertragen Sie dann in die folgende Liste:

	Charaktereigenschaften
1. Hauptstärke:	Dienstbereitschaft
2. Hauptstärke:	Loyalität
3. Hauptstärke:	Beobachtungsgabe
Weiteres Hauptmerkmal:	Anpassungsf.
Weiteres Hauptmerkmal:	Sprachgewandtheit
Weiteres Hauptmerkmal:	Arbeitseffizienz / Detailtreue

Auch für Ihr Persönlichkeitsprofil sollten Sie andere Menschen um ihre Meinung bitten. Lassen Sie sich ein Feedback geben.

Irgendwann liegen Ihnen dann zwei Aufstellungen vor: Die Essenz Ihrer Berufserfahrungen und die Ihrer Persönlichkeit. Ihre Hardskills und Softskills. Ihre 45plus-Sonderausstattungen, die für Ihren Berufswunsch relevant sind. Sie halten damit Ihr „Berufliches Profil" in Händen.

Natürlich erfordert es einige Zeit und Konzentration, sein persönliches Profil auszuarbeiten. Dennoch, es rentiert sich: Ich verspreche Ihnen, wenn Sie diese Aufgabe gemeistert haben, müssen Sie sich über Ihre verbale Selbstdarstellung keine weiteren Gedanken mehr machen. Sie werden Ihren Wettbewerbsvorteil gegenüber jüngeren Mitbewerbern automatisch im Kopf haben. Allein sich dieser Fleißarbeit zu stellen, wird dafür Sorge tragen, damit Sie professionell und vollständig über sich selbst sprechen können. Sie werden überrascht sein, wie sich Ihre Kommunikation zum Positiven verändern wird. Dies war schließlich das Ziel der Verbesserung Ihrer verbalen Selbstdarstellung.

Nun sind Sie in der Lage, den nächsten Schritt zu tun: Ihre schriftliche Selbstdarstellung zu optimieren.

2.2 Schriftliche Selbstdarstellung

Ihre schriftlichen Marketinginstrumente zur Eigendarstellung sind nichts anderes als Ihre Bewerbungsunterlagen. Diese Dokumente müssen Ihr ausgearbeitetes „45plus-Profil" professionell darstellen. Sie produzieren damit eine Werbebroschüre in eigener Sache.

Obwohl Ihre Bewerbungsdokumente nicht die entscheidende Rolle in dem hier vorgestellten Konzept spielen werden, ist es doch eine Selbstverständlichkeit, zeitgemäße Unterlagen zur Hand zu haben. Zudem sollte man sich immer zweimal überlegen, was man in schriftlicher Form potenziellen Arbeitgebern vorlegt. Schließlich werden diese auch langfristig in Personalakten archiviert.

Dieter L. Schmich

Wie Sie sicher selbst bemerkt haben, liegt Ihnen der Inhalt Ihrer Bewerbungsunterlagen bereits an dieser Stelle des Ablaufplans vor. Sie haben sich das Ganze im vorangegangenen Kapitel erarbeitet. Sie müssen Ihre Notizen nur noch optisch aufbereiten. Die Ansichten darüber gehen jedoch zum Teil weit auseinander. Ich betone daher ausdrücklich:

> **Es existieren leider keine Standards zur Gestaltung von Bewerbungsunterlagen.**

Diese Tatsache ist natürlich ärgerlich: Fragen Sie zu diesem Thema mehrere Fachleute, werden Sie wahrscheinlich genauso viele unterschiedliche Meinungen hören. Selbst dann, wenn Sie sich bei verschiedenen Mitarbeitern der gleichen Personalabteilung erkundigen, ist es möglich, dass Sie schon in einem einzigen Unternehmen gegensätzliche Vorstellungen zu hören bekommen.

> **Ob die Unterlagen als optimal erachtet werden, entscheidet die subjektive Meinung des einzelnen Betrachters.**

Diese kennen Sie aber meist nicht. Sie müssen also mit unterschiedlichen Ansichten rechnen:

> **Die Kunst, Bewerbungsunterlagen zu gestalten, ist, so viele Vorstellungen wie möglich abzudecken.**

Selbstverständlich biete ich Ihnen ausreichende Erfahrungswerte, welche Gestaltungsmerkmale Ihre Bewerbungsunterlagen zu erfüllen haben, um so viele unterschiedliche Arbeitgeberansichten wie nur möglich abzudecken. Dennoch ist Ihr Selbstvertrauen maßgeblich gefragt. Falls Sie hören, dass alle Personaler etwas so und so sehen würden, lassen Sie sich bitte nicht beirren. Diese viel zitierten ‚Norm-Personaler', die angeblich identische Ansichten vertreten, gibt es nicht. Dennoch gilt:

selbstmarketing

**Allein die Tatsache, dass Sie mühselig Ihre Berufserfahrungen
analysiert haben, garantiert später Spitzendokumente.**

Damit haben Sie Voraussetzungen geschaffen, werthaltige Unterlagen
erstellen zu können. Dies vergisst nämlich das Gros aller Bewerberinnen und Bewerber. Erfahrungsgemäß erfüllt die Mehrzahl aller eingehenden 45plus-Bewerbungen diese wichtige Anforderung noch nicht
einmal ansatzweise. Sie haben richtig gelesen: noch nicht einmal ansatzweise! Ich befürchte, dass sich die Masse eher über die grafische
Gestaltung von Unterlagen den Kopf zerbricht, statt den Inhalt mit
45plus-Sonderausstattungen geradezu vollzustopfen. Die meisten
lassen den Leser förmlich im Stich, wenn es um die Beschreibung von
Berufserfahrungen geht und spielen die wichtigste Trumpfkarte überhaupt nicht aus.

Sie hingegen betrifft diese Problematik nicht mehr: Sie haben Ihre Praxiskenntnisse und Ihre Persönlichkeit bereits analysiert und
schriftlich vorliegen. Zudem haben Sie sich in die Arbeitgeberseite
hineinversetzt und das Ganze auf Relevanz abgeklopft. Durch die
Mühe, eine Essenz Ihres Profils ausgearbeitet zu haben, können Sie
mit Ihrem großen Erfahrungsschatz jetzt auch in schriftlicher Form
punkten.

Im Übrigen werden Ihre Unterlagen auf der Arbeitgeberseite
(zumindest von erfahrenen Personalverantwortlichen) meist in der
nachstehenden Reihenfolge gesichtet:

1. Lebenslauf

2. Anschreiben

3. Zeugnisse und Zertifikate

Das bedeutet, dem Lebenslauf wird das Hauptinteresse gewidmet.
Erst dann, wenn die darin enthaltenen Daten und Fakten akzeptabel
erscheinen, wird das Anschreiben überflogen. Zuletzt sind die Zeugnisse und sonstigen Zertifikate dran. Diese Dokumente dienen in
erster Linie dazu, die im Lebenslauf gemachten Angaben zu belegen.

Der Lebenslauf ist demzufolge der wichtigste Teil Ihrer Werbebroschüre. Dies ist durchaus gut zu verstehen, schließlich ist der Wahrheitsgehalt der darin enthaltenen Angaben durch Ihre Zeugnisse bzw. Belege sozusagen bewiesen. Zudem kann das Ganze durch die tabellarische Form blitzschnell überflogen werden.

Der Lebenslauf ist also entscheidend dafür, ob Ihre Unterlagen weiter in der Hand behalten (bzw. auf dem Monitor gesichtet) werden oder gleich auf dem Stapel ‚Uninteressant' landen. Deshalb müssen Sie besonders an dieser Stelle Ihrer Bewerbungsunterlagen Ihre 45plus-Vorzüge ausspielen:

Beschreiben Sie schon im Lebenslauf Ihre Berufserfahrungen.

Dies wird sehr positiv auffallen. Zudem ist es für den Empfänger einfach angenehm und zeitsparend, wenn er nicht erst Anschreiben oder Zeugnisse zeitraubend durcharbeiten muss. Schließlich ist mit den Jahren einiges an Belegen zusammengekommen. Zudem ist es besonders in Ihrem Lebensabschnitt sehr schwierig, die langjährig erworbenen Praxiskenntnisse allein im Anschreiben vollständig unterbringen zu können.

Wenn Sie sich als 45plus-Bewerber hauptsächlich auf den Lebenslauf konzentrieren, kann der Leser mit einem Blick alle wichtigen Praxiskenntnisse schnell, übersichtlich und vor allem ganzheitlich aufnehmen. Kommt eine halbwegs elegante grafische Gestaltung hinzu, entstehen im Ergebnis professionelle, und vor allem aussagekräftige Bewerbungsunterlagen. Lange Rede, kurzer Sinn:

Konzentrieren Sie sich hauptsächlich auf den Lebenslauf.

Wie Sie das bewerkstelligen können, dass Ihr komplettes berufliches Profil schon im tabellarischen Lebenslauf vollständig und vor allem schnell erkennbar ist, dazu kommen wir jetzt. Ich werde nun näher auf die einzelnen Elemente eines Lebenslaufs eingehen.

2.2.1 Tabellarischer Lebenslauf

Zu Inhalt, Struktur und Gestaltung gebe ich Ihnen jetzt einige Empfehlungen, die im Bewerbungsalltag umfangreich erprobt sind. Sie trafen auf Seiten der Arbeitgeber (auch mit unterschiedlichen Vorstellungen) auf breite Zustimmung.

Einarbeitung der Ergebnisse aus der Profilanalyse

Wie bereits erwähnt, müssen Ihre Berufserfahrungen aus Ihren Unterlagen schnell ersichtlich sein. Um dies zu realisieren, haben Sie dabei grundsätzlich die Wahl zwischen zwei Möglichkeiten:

1. **Sie fügen Unterpunkte bei den jeweiligen Stationen Ihres Lebenslaufs ein, mit deren Hilfe Sie Ihre Arbeitsaufgaben beschreiben.**

2. **Sie fassen die Ergebnisse der Profilanalyse zu einem separaten Erfahrungsprofil zusammen und legen dieses als zusätzliche Seite bei.**

Ob Sie sich nun für ein Erfahrungsprofil oder für einen ausführlichen Lebenslauf inklusive Unterpunkten entscheiden, hängt von Ihrer spezifischen Situation ab. Grundsätzlich gilt, je umfangreicher und erklärungsbedürftiger Ihre Praxiskenntnisse sind, umso eher sollten Sie sich für ein zusätzliches Erfahrungsprofil entscheiden (Musterbeispiele folgen noch auf den nächsten Seiten). In diesem Fall können Sie allein in einem Lebenslauf alle Ihre 45plus-Sonderausstattungen nicht mehr übersichtlich unterbringen.

Falls es jedoch möglich ist, Ihre relevanten Stichpunkte aus der Profilanalyse in maximal fünf bis zehn Zeilen je Anstellung unterzubringen, könnte ein angehängtes Erfahrungsprofil ein wenig zu übertrieben wirken. Dann verzichten Sie auf eine zusätzliche Seite und konzentrieren sich ausschließlich auf die hinzuzufügenden Unterpunkte unter den jeweiligen beruflichen Stationen.

Unerheblich, ob Sie sich nun für einen umfangreichen tabellarischen Lebenslauf allein oder für ein separates Erfahrungsprofil entscheiden, es wird für einen Leser eine wahre Wohltat sein, alle Ihre Kenntnisse und Fähigkeiten ganzheitlich und übersichtlich gegliedert

Selbstmarketing

sehen zu können. So erfüllen Sie optimal den Wunsch der Arbeitgeberseite nach „Aussagekraft". Ihre 45plus-Vorzüge sind in wenigen Sekunden erkennbar.

Bewerbungsfoto

Ein Bild von Ihnen wird noch immer erwartet. Natürlich könnten Sie sich auch auf die aktuelle Gesetzeslage berufen (Gleichbehandlungsgesetz) und kein Foto in den Lebenslauf integrieren. Dann hätten Sie zwar hundertprozentig Recht, allerdings auch keinen Job.

Räumen Sie Ihrem Bild einen sehr hohen Stellenwert ein. Bedenken Sie, dass auch Entscheidungsträger gängigen menschlichen Verhaltensmustern unterliegen.

Das Foto auf Ihrem Lebenslauf wird als Erstes betrachtet.

Unterschätzen Sie diesen Punkt nicht! Sparen Sie nicht am falschen Ende. Lassen Sie sich durch einen guten Fotografen mehrere Varianten anfertigen. Wählen Sie dann dasjenige Foto aus, auf dem Sie die positivste und vor allem vertrauenswürdigste Wirkung erzielen (bitte nicht mit Attraktivität verwechseln). Meist können Außenstehende dies objektiver bewerten als Sie selbst. Zeigen Sie Ihre Aufnahmen deshalb großzügig anderen Menschen und holen Sie sich mehrere Meinungen ein.

Übertreiben Sie es aber bitte nicht mit der digitalen Nachbearbeitung Ihres Porträts. Wenn Sie auf Ihren Unterlagen wie ein Ü30-Bewerber aussehen, wird diese Wirkung spätestens im Vorstellungsgespräch schnell verpuffen. Damit wäre das Gespräch schon in den ersten Sekunden mit einem negativen „Ersten Eindruck" belastet.

Persönliche Daten

Unter „Persönliche Daten" werden auch heute noch folgende Angaben erwartet.

selbstmarketing

- **Vorname Nachname**

- **Geburtsdatum**

- **Geburtsort**

- **Familienstand**

- **Staatsangehörigkeit**

- **Adresse und Kontaktdaten**

Obwohl einige dieser Punkte ebenfalls im Widerspruch zum Antidiskriminierungsgesetz stehen, helfen Ihnen diese theoretischen Vorbehalte nicht weiter. Lassen Sie beispielsweise als 45plus-Bewerber das Geburtsdatum weg (was einige tatsächlich auch machen), haben Sie zwar die europäische Rechtsprechung auf Ihrer Seite, aber auch weniger Einladungen zu Vorstellungsgesprächen.

Das heißt, an dieser äußerst theoretischen Diskussion über die Altersangabe von Bewerbern beteiligen sich in der Regel nur wenige Großkonzerne oder Teile des Öffentlichen Diensts (und natürlich auch die Medien). Der Rest bevorzugt (natürlich unter vorgehaltener Hand) noch immer alle persönlichen Daten. Deswegen empfehle ich:

Geben selbstbewusst Ihr Geburtsdatum an.

Irgendwann müssen Sie sowieso mit der Wahrheit herausrücken.

Deckblatt

Ein Deckblatt als erste Seite wird heute oft verwendet (erfahrungsgemäß bei zirka der Hälfte aller eingehenden Bewerbungen, je nach Tätigkeitsbereich und Branche). Darauf sind Ihr Bewerbungsfoto und Ihre persönlichen Angaben zu sehen. Neben dem Vorteil einer repräsentativen ersten Seite hat dies den Effekt, dass mehr Platz auf der Seite des eigentlichen Lebenslaufs zur Verfügung steht. Falls das Layout Ihres Lebenslaufs zu gedrängt wirken sollte, empfehle ich Ihnen, auf jeden Fall ein Deckblatt zu nutzen.

Dieter L. Schmich

Sie haben jedoch die Wahl: Ob Sie eines verwenden oder nicht, wird kein entscheidender Faktor für Ihre Jobsuche sein.

Gliederung

Die einzelnen Stationen des Lebenslaufs sind zu gliedern. Die Übersichtlichkeit wird deutlich erhöht. Die nachstehenden Vorschläge für mögliche Gliederungspunkte müssen Sie jedoch für Ihre spezifische Situation zusammenfassen, streichen oder ergänzen:

- **Beruflicher Werdegang**

- **Schule, Berufsausbildung und Studium**

- **Fort- und Weiterbildungen**

- **PC-Kenntnisse**

- **Sprachen**

- **Persönliche Stärken**

- **Sonstige Kenntnisse und Kompetenzen**

Da gerade bei Ihnen die Stationen Schule, Berufsausbildung bzw. Studium wahrscheinlich recht lange her sind, können Sie das Ganze zu einem einzigen Gliederungspunkt zusammenfassen.

Verfügen Sie über sehr viele EDV-Kenntnisse oder haben umfangreiche Sprachkenntnisse vorzuweisen, ist es aber auch denkbar, dafür eigene Überschriften zu kreieren. Ebenso ist es möglich, schon im Lebenslauf die Charakterstärken aufzuzählen, die Sie sich zuvor in Ihrer Profilanalyse erarbeitet haben (alternativ nur im Anschreiben).

Chronologie

Wenn es um die grundsätzliche zeitliche Abfolge Ihrer Angaben geht, hat sich mittlerweile der „Amerikanische Stil" durchgesetzt:

> **Sie starten mit Ihrem aktuellen Status an oberster Stelle, fahren zeitlich absteigend fort und enden mit der Schule.**

Im Übrigen können Sie sich auf die Angabe Ihres höchsten Schulabschlusses beschränken. Ebenso wird es akzeptiert, wenn Sie sogar schon bei Ihrem höchsten Berufsabschluss den Lebenslauf enden lassen.

Natürlich können Sie auch den konservativen „Deutschen Stil" (chronologisch umgekehrte Reihenfolge) verwenden, schließlich gibt es keine festen Standards zum Thema Lebenslauf. Niemand will aber als erste Positionen schulische oder berufliche Stationen sehen, die zig Jahre her sind. Da der Lebenslauf beim Gros Ihrer Generation meist zwei Seiten verbraucht, können Sie zudem beim „Deutschen Stil" Ihre aktuellen Berufserfahrungen nicht mehr auf der ersten Seite erscheinen lassen. Dies wäre natürlich ebenso kein idealer Werbeeffekt. Alles in allem ist also besonders für 45plus-Bewerber der „Amerikanische Stil" vorteilhafter.

Lückenlosigkeit und Zeitangaben

Weiterhin sollte Ihr Lebenslauf lückenlos sein. Falls längere Zeiträume unklar bleiben, besteht beim Leser die Neigung, nichts Positives in die Lücken hinein zu interpretieren (z.B. Haft, Drogenentzug, Burnout, Schwarzarbeit, chronische Krankheiten, usw.). Im Umkehrschluss müssen Sie es aber auch nicht übertreiben, schließlich müssen Sie als 45plus-Kandidat immer den Umfang Ihrer Unterlagen im Blick behalten.

> **Lücken, die kürzer als drei bis sechs Monate sind, können Sie unbesorgt vernachlässigen.**

Je länger die jeweiligen Stationen her sind, umso großzügiger können Sie das Ganze natürlich auslegen. Wenn Sie vor 25 Jahren ein Jahr arbeitslos waren, wird dies heute auf der Arbeitgeberseite sicher niemanden mehr großartig interessieren.

Darüber hinaus ist es auch durchaus möglich, einige unbedeutende Lebenslaufstationen, die zugleich eine kleine Ewigkeit her sind

Dieter L. Schmich

(aber nur dann), zu einer einzigen Lebenslaufposition zusammenzufassen. Darüber hinaus sollten Sie bei allen Stationen auf Folgendes achten:

Machen Sie Monats- sowie Jahresangaben.

Verzichten Sie möglichst darauf, lediglich Jahreszahlen für die einzelnen Stationen anzugeben. Es ist auf der Arbeitgeberseite hinlänglich bekannt, dass sich nur solche Bewerber auf die Nennung von Jahresangaben beschränken, die versuchen, einige Lücken zu verschleiern.

Übersichtlichkeit, Grafik und Gestaltung

In puncto Grafik und Gestaltung haben Bewerbungsunterlagen mittlerweile ein recht hohes Niveau erreicht. Natürlich können Sie da mitziehen. Allerdings ist eine aufwendige grafische Gestaltung auch immer eine Gratwanderung. Einerseits sollten Ihre Unterlagen positiv auffallen, andererseits sollten diese nicht den Eindruck hinterlassen, dass Sie Ihre Chancen auf dem Arbeitsmarkt eher schlecht einschätzen. Gefragte Kandidaten haben es üblicherweise nicht nötig, großen optischen Aufwand mit ihren Dokumenten zu betreiben. Demzufolge sollten Sie es vermeiden, aus Ihren Unterlagen ein gestalterisches Kunstwerk machen zu wollen. Es gibt keinen Anlass, übertrieben viel Zeit in die Formatierung zu investieren.

Dennoch müssen Ihre Berufserfahrungen übersichtlich und schnell zu überfliegen sein. Zumindest diese Anforderung muss durch das Layout gewährleistet sein. Rechnen Sie auch damit, dass der Betrachter Ihrer Unterlagen unter erheblichem Zeitdruck steht.

Beispiele für Layouts stelle ich auf den kommenden Seiten vor. Dennoch sollten Sie einen kleinen Test durchführen, wenn Sie Ihre Unterlagen fertiggestellt haben: Zeigen Sie Ihren Lebenslauf (bzw. Erfahrungsprofil) einer anderen Person nur dreißig Sekunden lang. Danach befragen Sie sie, über welches Know-how Sie verfügen.

Kommen keine Gegenfragen und zudem richtige Antworten, haben Sie in Sachen Übersichtlichkeit gute Arbeit geleistet.

Unebene Punkte

Darunter versteht man Laufbahnen, die nicht geradlinig sind oder zu viele Unterbrechungen aufweisen. Zu diesem Thema gehören auch auffällig kurze Beschäftigungsverhältnisse (unter einem Jahr), Langzeitarbeitslosigkeit, Minijobs, gescheiterte selbstständige Existenzen oder sonstige Punkte, die auf keinen idealen Karriereverlauf hinweisen. Darüber hinaus zählen auch Krankheit, Burn-out-Pausen oder der komplette Wechsel von Branchen oder Tätigkeitsbereichen dazu.

In diesen vielen Fällen kann ich Ihnen pauschal keinen Rat geben. Diese Themen sind zu spezifisch von den genaueren Umständen und vor allem von Ihren beruflichen Vorstellungen abhängig. Grundsätzlich kann ich Ihnen nur eines raten:

Beschäftigen Sie sich in der Hauptsache mit Ihren Vorzügen, die Sie bieten, anstatt mit vermeintlichen Defiziten.

Dokumentieren Sie so viele fachliche und charakterliche Stärken, wie Sie nur irgendwie finden können. Dabei ist die gezeigte Profilanalyse das entscheidende Instrument. Akribisch sollten Sie untersuchen, welche 45plus-Sonderausstattungen Sie bieten. Diese Ergebnisse in Ihren Unterlagen zu präsentieren, ist der beste Weg, vermeintliche Defizite dagegen vernachlässigbar klein erscheinen zu lassen.

Unabhängig davon mache ich jedoch auch immer wieder die Erfahrung, dass sich viele über ihre Laufbahn den Kopf zerbrechen, ohne dass es dazu einen triftigen Grund gibt. Oft sehen 45plus-Bewerber in bestimmten Bereichen ihres Lebenslaufs größere Probleme als die Arbeitgeber selbst. Dies ist eine sehr wichtige Aussage. Es wäre nicht das erste Mal, dass bestimmte unebene Punkte bei einem Bewerber als notwendiges Übel akzeptiert werden, weil er etwas zu bieten hat, wonach gerade gesucht wird. Dann wird oft über ver-

Dieter L. Schmich

meintliche Defizite in der beruflichen Laufbahn großzügig hinwegge-
sehen. Kurzum:

**Rechtfertigungen für fachliche oder persönliche Defizite
Ihrerseits haben in Bewerbungsunterlagen nichts zu suchen.**

Demnach sollten Sie also auf die Angabe von Kündigungsgründen,
Ursachen für Arbeitslosigkeit, Krankheit oder sonstige Fingerzeige für
problematische Punkte verzichten. Diese Themen können Sie später
im persönlichen Gespräch klären. Mit schriftlichen Unterlagen hingegen sollten Sie nicht gleich versuchen, die Jobzusage zu ergattern. Sie
haben lediglich Neugierde auf der Gegenseite aufkommen zu lassen,
damit diese Sie zu einem Einstellungsinterview einlädt. Jobs gibt es
nur durch persönliche Gespräche, nicht durch schriftliche Unterlagen.

Dokumentieren Sie ausschließlich Ihren Nutzen für Firmen.

Falls Sie im Übrigen zu den wenigen Lesern zählen sollten, die nach
dem Profilanalyse über ihren beruflichen Wert nicht angenehm überrascht sind, sollten Sie sich noch einmal dem Profiling widmen. Gehen Sie Ihren Arbeitsalltag noch einmal Tag für Tag durch. Die über-
wiegende Mehrheit, die dies konsequent umsetzt, entdeckt genug
Vorzüge. Dass jemand überhaupt nichts Positives findet, erlebe ich
recht selten. Aber auch das wäre keine unüberwindbare Hürde, zumindest in dem hier vorgestellten Konzept. Sie setzen dann ganz einfach mehr auf Ihre Sonderausstattungen im charakterlichen Bereich.
Dies können Sie zwar schriftlich nur schwer belegen, aber später bei
der „Jobakquisition" werden Sie dazu ausreichend Gelegenheit haben.

Musterbeispiele

Sie sehen nun einige Varianten von 45plus-Lebensläufen (mit/ohne
Deckblätter bzw. Erfahrungsprofile). Weitere Vorlagen können Sie
auch meiner Homepage www.bewerbungs-center.com entnehmen.

Karin Mustermann
Musterwörthstr. 123, 20000 Musterstadt, Mobil: 01 23 / 4 56 78 90, E-Mail: mustermail@mail.de

Lebenslauf

Persönliche Daten

Name:	**Karin Mustermann**
Geburtsdatum:	**TT. Monat JJJJ**
Geburtsort:	**Musterstadt**
Familienstand:	**Verheiratet**
Nationalität:	**Deutsch**

Berufspraxis

05/2006 - aktuell **Sachbearbeiterin bei Muster-Pflegedienst in Musterheim**
- Abrechnung mit Kunden und Krankenkassen
- Aktualisieren der Kundenakten und Pflegedokumentationen
- Führen der Personalakten
- Kontakt zu Ärzten, Krankenkassen und Kooperationspartnern
- Büroorganisation und Korrespondenz
- Beratung/Betreuung von Kunden (telefonisch und ambulant)

09/2000 - 04/2006 **Assistentin bei Seniorenservice GmbH, Wohnanlage Musterau**
- Eigenverantwortliche Bearbeitung aller administrativer Abläufe
- Beratung und Betreuung der Bewohner in Alltagsfragen
- Abrechnung mit Krankenkassen und Bewohnern

03/2000 - 08/2000 **Verwaltungsangestellte bei Pro Muster Residenz in Musterheim**
- Komplette Bandbreite aller üblichen Büroarbeiten

02/1986 - 02/2000 **Familien- und Fortbildungsphase**

07/1975 - 12/1985 **Praxishelferin bei Kieferorthopäde Dr. Karl Muster in Musterheim**

Schule und Berufsausbildung

10/1998 - 10/1999 **Fortbildung an der Muster-Akademie in Musterberg**
- Abschluss: Verwaltungsassistentin im medizinischen und
pflegerischen Bereich

09/1972 - 06/1975 **Berufsausbildung bei Muster OHG in Musterberg**
- Abschluss: Industriekauffrau

09/1967 - 07/1972 **Hauptschule Musterhausen**
- Hauptschulabschluss

Sonstige Kenntnisse und Fähigkeiten

- Englisch-Grundkenntnisse
- MS Office, MS Windows, Internet
- Führerschein, Klasse B

TT. MM. JJJJ   *Karin Mustermann*

Variante 1: Ohne Deckblatt, Seite 1 von 1

Jürgen Mustermann
Schweizer Str. 10 6123 Mustel Telefon: 01 23 / 1 23 45 Mobil: 01 23 / 12 34 56 E-Mail: Muster@mail.ch

Lebenslauf

Name:	**Jürgen Mustermann**
Geburtsdatum:	**TT. Monat JJJJ**
Geburtsort:	**Musterau**
Familienstand:	**Ledig**
Staatsangehörigkeit:	**Schweizer**

Beruflicher Werdegang

10/2014 - heute   **Bewerbungsphase**

02/2010 - 08/2013   **Niederlassungsleiter bei ABC GmbH in Mustel**
- Verantwortungsbereich: Vertrieb, Personalakquisition und Marketing
- Aufbau und Etablierung der neuen Niederlassung, Vertriebsregion Süd
- Verkauf von ABC Telekommunikationsdienstleistungen an Geschäftskunden und Carrier
- Alleinige Akquisition aller Key Accounts
- Direkte Leitung eines Führungsteams von drei Teamleitern
- Umsatzvorgaben regelmäßig erreicht und übertroffen
- Zusammenarbeit und Reporting direkt an die Geschäftsleitung

04/2007 - 12/2009   **Senior Sales Consulting bei 123 AS in Musterstadt, Dänemark**
- Key Accounting aller dänischen Geschäftskunden für die Schweiz
- Verantwortlich für die Bereiche Service, Carrier, Produkte und Logistik
- Verantwortlich für das gesamte lokale Pricing und Marketing
- Verkauf von IP-basierenden Telekommunikationsdienstleistungen
- Marktuntersuchungen sowie Wettbewerbsbeobachtungen
- Leitung eines Teams von fünf Mitarbeitern

08/2005 - 03/2007   **Senior Key Account Manager bei Mustertelefon GmbH in Musteringen**
- Verkauf aller IP-basierenden Kommunikationslösungen wie VoIP, VPN-MPLS und Housing an nationale und internationale Geschäftskunden
- Verantwortlich für RFI, RFP und SLA´s
- Konzeptentwicklung und Bearbeitung übergreifender Services für Key Account Kunden
- Umsatzsteigerung für den Bereich Bestandskunden

09/2001 - 06/2005   **Account Director, Europe Wholesale bei EuropeCom GmbH in Musterau**
- Verkauf aller Telekommunikationsprodukte wie Daten, Sprache, Videokonferenzen und Internet an die Deutsche Muster und Musterfone in Deutschland und deren Niederlassungen im europäischen Ausland
- Verantwortung für Deutschland, Österreich und die Schweiz

Variante 2: Ohne Deckblatt, Seite 1 von 2

Selbstmarketing

Jürgen Mustermann
Schweizer Str. 10 6123 Mustel Telefon: 01 23 / 1 23 45 Mobil: 01 23 / 12 34 56 E-Mail: Muster@mail.ch

07/2000 - 08/2001	**Arbeitssuchend**
06/1997 - 06/2000	**Vertriebsbeauftragter bei Digital Muster AG in Musterdorf**

- Direkter Verkauf des Produktportfolios von 123direct an Großkunden
- Projektleitung für alle Aufträge zur Gewährleistung der Liefertermine und der Stückzahlen in Zusammenarbeit mit allen involvierten Fachabteilungen in Holland
- Bereitstellung technischer Unterstützung für den Bereich Marketing und Vertrieb in Hinsicht auf Verkaufskampagnen

01/1983 - 04/1997 **EDV-Mitarbeiter bei Muster-Verlag GmbH, Musterheim**
- Implementierung und Betreuung eines neuen EDV-Systems

Berufsausbildung und Schule

09/1982 - 01/1983 **Fortbildung am Muster-Institut in Musterburg, Deutschland**
- Abschluss: Zertifizierter Projektmanager nach den internationalen Richtlinien der EFM/GFH Hamburg (Gesellschaft für Projektmanagement e.V. & Europe Project Management Association)

10/1979 - 04/1982 **Berufsausbildung bei Musterwerk in Musrich**
- Abschluss: Bürokaufmann

09/1970 - 05/1979 **Muster-Gymnasium, Musrich**
- Abschluss: Fachhochschulreife

Sonstige Kenntnisse und Fähigkeiten

- Englisch, verhandlungssicher
- Gute Italienisch- und Französischkenntnisse in Wort und Schrift
- Gut vernetzt: Europaweit, insbesondere in Deutschland
- Führerschein, PKW
- Hobby: Social Media Marketing und Erstellung von Internetpräsenzen
- Ehrenamtliche Tätigkeit als Unternehmensberater für Existenzgründer

TT. Monat JJJJ *Jürgen Mustermann*

Variante 2: Ohne Deckblatt, Seite 2 von 2

Dieter L. Schmich

Sabine Musterfrau
Muster-Straße 100 • 10000 Stadt • Telefon: 0 62 02 / 12 34 56 • E-Mail: muster@email.de

Bewerbung

Sabine Musterfrau

Geburtsdatum:	TT. Monat JJJJ
Geburtsort:	Musterstadt
Familienstand:	verheiratet
Staatsangehörigkeit:	deutsch

Inhalt:	Lebenslauf
	Zeugniskopien
	Zertifikate

Variante 3: Inklusive Deckblatt, Seite 1 von 2

Sabine Musterfrau
Muster-Straße 100 • 10000 Stadt • Telefon: 0 62 02 / 12 34 56 • E-Mail: muster@email.de

Lebenslauf

Berufspraxis

05/2002 - aktuell **Beraterin für Inneneinrichtungen bei Muster AG in Musterstadt**
- Auftragsabwicklung von Büroraumkonzepten
- Personaleinsatzplanung
- Reklamationsmanagement
- Vorbereitende Buchhaltungstätigkeiten
- Angebotserstellung
- Lieferanten-, Kunden- sowie Architektengespräche
- Konzeption/Durchführung von Möbelpräsentationen
- Komplette Bandbreite üblicher Büroarbeiten
- Materialbeschaffung

11/1996 - 05/2002 **Verkaufsberaterin bei Beispielküchen GmbH & Co. KG in Musterberg**
- Beratung und Verkauf von Kücheneinrichtungen
- Warenpräsentation
- Schaufensterdekoration
- Warenbestellung und -prüfung
- Rechnungskontrolle

10/1990 - 10/1996 **Einrichtungsberaterin bei Möbel Muster OHG in Musterheim**
- Alleinverantwortung für 400 qm Verkaufsfläche

01/1998 - 09/1990 **Erziehungszeit**

09/1978 - 12/1997 **Sachbearbeiterin bei Muster KG in Musterstadt**

Schule und Berufsausbildung

09/1976 - 09/1978 **Berufsausbildung bei Muster Haus KG in Mannheim**
- Abschluss: Kauffrau im Groß- und Außenhandel

09/1975 - 07/1976 **Kaufmännische Berufsfachschule in Musterheim**
- Abschluss: Mittlere Reife

08/1969 - 07/1975 **Hauptschule Musterheim**
- Hauptschulabschluss

Sonstige Kenntnisse

- Englisch, einfache Grundkenntnisse
- MS Windows bis 8, MS Office
- XYZ-Warenwirtschaftssystem
- Führerschein, Klasse B

TT. Monat JJJJ *Sabine Musterfrau*

Variante 3: Inklusive Deckblatt, Seite 2 von 2

Dieter L. Schmich

Sabine Muster

Musterstr. 24 • 60000 Musterberg • Telefon: 0 12 23 / 12 34 56 78 • E-Mail: s.muster@mail.de

Bewerbung

Sabine Muster

Geburtsdatum:	TT. Monat JJJJ
Geburtsort:	Musterberg
Familienstand:	Verheiratet
Zwei Kinder:	19 und 22 Jahre
Nationalität:	Deutsch

Zertifikate
Zeugniskopien
Erfahrungsprofil
Tabellarischer Lebenslauf

Variante 4: Inklusive Deckblatt und Erfahrungsprofil, Seite 1 von 4

Selbstmarketing

Lebenslauf

Beruflicher Werdegang

03/2014 - aktuell	**Bewerbungsphase**
03/2012 - 02/2014	**Auszeit, Auslandsaufenthalt, Fortbildungen**
10/2010 - 02/2012	**Leiterin Sales Promotion bei Muster GmbH in Musterfurt** • Team- und Budgetverantwortung • Erstellung von Marketingplänen • bis 03/2003: Junior Manager Sales Promotion • bis 08/2001: Sales Promotion Associate • Unterbrochen durch eine Erziehungszeit • Details siehe Erfahrungsprofil
09/1997 - 08/2010	**Kreditsachbearbeiterin bei Musterbank AG in Musterstadt** • Details siehe Erfahrungsprofil
02/1997 - 08/1997	**Sekretärin im Logistik- und Speditionsbereich bei Muster Zentralgemeinschaft GbR in Mustershafen** • Details siehe Erfahrungsprofil
03/1987 - 02/1997	**Bankkauffrau bei Musterbank Special AG in Frankfurt** • Details siehe Erfahrungsprofil

Studium

10/1980 - 01/1987	**Studium an der Hochschule Musterhafen**
	• Fachrichtung: Betriebswirtschaftslehre
	• Abschluss: Diplom-Kauffrau
	• Diplomarbeit: "Motivationssysteme für die Bindung bestehender Vertriebsrepräsentanten"
	• Hauptfächer: - Marketingmanagement
	                   - Internationale Unternehmensführung
	                   - Controlling, Finanz- u. Rechnungswesen

09/1985 - 06/1986	**Zwei Auslandsemester an der Universidad Musto in San Mustian, Spanien** • Fachrichtung: Empresariales
02/1980 - 09/1980	**Wartezeit auf Studienbeginn**

Schule und Berufsausbildung

08/1977 - 01/1980	**Berufsausbildung bei Musterkasse Mannheim** • Abschluss: Bankkauffrau
09/1967 - 06/1977	**Muster-Gymnasium in Musterberg** • Abschluss: Abitur

TT. Monat JJJJ   *Sabine Muster*

Variante 4: Inklusive Deckblatt und Erfahrungsprofil, Seite 2 von 4

Dieter L. Schmich

Sabine Muster

Musterstr. 24 • 60000 Musterberg • Telefon: 0 12 23 / 12 34 56 78 • E-Mail: s.muster@mail.de

Erfahrungsprofil

Erfahrungen im Sales- und Marketingbereich

- Betreuung der Außendienstmitarbeiter
- Erstellung der Marketingpläne inklusive Forecast
- Gestaltung und Entwicklung von Konzepten/Marketingkampagnen
- Erfolgskontrolle aller Promotions inklusive Bewertung
- Konzeption und Erstellung von Prämienprogrammen
- Koordination der Prämienerstellung und Lagerhaltung
- Durchführung monatlicher Verkaufs- und Produktanalysen
- Leitung des Calls mit der Konzernmutter in den USA und anderen europäischen Töchtern
- Einkauf von Marketingartikeln von der Idee über Planung, Kalkulation, Beschaffung, Lagerung und Versand
- Kalkulation der Jahresmenge von Katalogen, Flyern etc.
- Markt- und Wettbewerbsanalyse
- Reklamationsmanagement sowie die Erstellung eines Empfehlungskatalogs an Hersteller und Lieferanten
- Eigenverantwortliche Produkteinführung
- Produktpräsentation vor Mitarbeitern und Kunden auf Meetings
- Kundenakquisition im Einzelhandel

Erfahrung im Communications- und Eventbereich

- Entwerfen von Texten für Broschüren, Flyern und für die Zeitung der Außendienstmitarbeiter
- Konzeption und Leitung von Produkt-Fotoshootings
- Organisation von Veranstaltungen, Meetings und Kongressen
- Mitkonzeption und Gestaltung der Events und Veranstaltungen
- Ansprechpartnerin vor Ort bei Incentive-Trips (bis zu 450 Personen)

Gruppenleitung

- Personalverantwortung für 6 Mitarbeiter
- Wöchentliche Teamsitzungen
- Leistungsgespräche: Zielvereinbarungen und -kontrolle
- Fachliche Unterstützung und Förderung der Mitarbeiter
- Leitung des Backstage-Teams (ca. 6-8 Mitarbeiter) während des jährlichen Kongresses (an 3 Tagen mit ca. 2.000 Teilnehmern)

Budgetverantwortung

- Budgetverantwortung in Höhe von ca. € 800.000 p.a.
- Ableitung des benötigten Budgets aus den Marketingplänen
- Ständiger Soll-/Ist-Vergleich
- Kontrolle eingehender Rechnungen und Abgleich mit dem Budget
- Korrektur und Anpassung von Budgets und Marketingplänen

Variante 4: Inklusive Deckblatt und Erfahrungsprofil, Seite 3 von 4

Sabine Muster

Musterstr. 24 • 60000 Musterberg • Telefon: 0 12 23 / 12 34 56 78 • E-Mail: s.muster@mail.de

Kaufmännische Kenntnisse

- Kreditsachbearbeitung:
  - Bearbeiten und Prüfen von Kreditanträgen
  - Erstellen von Kreditverträgen und Kreditprotokollen
  - Anfordern und Prüfen von Kreditsicherheiten
  - Sicherheitenverwaltung und Pfandentlassungen
  - Anlage und Verwaltung von Bürgschaftskonten

- Sekretariat:
  - Postein-/-ausgang
  - Unterstützung bei Personalauswahl und -einstellungen
  - Führen der Krankenstatistik
  - Mitarbeit bei Umstrukturierungsmaßnahmen
  - Korrekturlesen der Ausgangspost und des Informationsmaterials
  - Systemmäßige Warenbereitstellung und Endkontrolle
  - Reklamations- und Zukaufwarenbearbeitung

- Zahlungsverkehr/Wertpapierabteilung:
  - Abwicklung des gesamten Auslandszahlungsverkehrs
  - Bearbeitung von Reklamationen im In- und Auslandszahlungsverkehr
  - Abstimmung DM-Nostro-Konto
  - Klärung offener Posten im Nostrokontenbereich DM und FW
  - Überwachung und Erstellung des Mahnprozesses
  - Dokumentation von Steuerprüfungsunterlagen

- Vertriebsabteilung:
  - Warenkalkulation, -bestellung und Kontrolle bei Eingang
  - Rechnungskontrolle und -erstellung
  - Vorbereitung der Belege und Erstellung der Steuererklärung
  - Kassenbuchführung

Auslandserfahrungen und Sprachkenntnisse

- Zwei Auslandssemester in San Mustian, Spanien
- Teilnahme an Produktschulungen von Muster AG, Boston, USA
- Manager-Fortbildung mit internationalen Kollegen, Boston, USA
- Reisebegleitung, Organisatorin und Ansprechpartnerin bei den Incentive Trips nach Marokko, Sardinien und Dubai
- Spanisch, gute Kenntnisse
- Übersetzung (Englisch/Deutsch) von Katalogen sowie Korrekturlesen

PC-Kenntnisse

- MS Office, sehr sichere Handhabung
- SAP R/3

Sonstige Kenntnisse & Fähigkeiten

- Führerschein Klasse 3
- ADA-Schein (IHK)
- Sicherheitsmitarbeiterin nach ISO XYZ

Variante 4: Inklusive Deckblatt und Erfahrungsprofil, Seite 4 von 4

Suna Musterfrau

Musterpark Str. 23 • 90000 Musterstadt • Mobil: 01 23 / 4 56 78 91 12 • E-Mail: musterfrau@mail.de

Lebenslauf

Name:	**Suna Musterfrau**
Geburtsdaten:	**TT. Monat JJJJ**
Geburtsort:	**Musteröy, Türkei**
Familienstand:	**Ledig**
Staatsangehörigkeit:	**Türkisch**

Beruflicher Werdegang

12.2006 - aktuell **Filialleiterin bei der Muster-Modehaus AG, Musterberg**
- Beratung und Verkauf von Damenoberbekleidung
- Zirka 400 qm Verkaufsfläche für Damen- und Herrenmode
- Personalverantwortung für zirka 25 Mitarbeiter
- Umsatzverantwortung
- Analyse und Optimierung der Umsatzentwicklung anhand des Warenwirtschaftssystems ABC Fashion
- Sortimentsauswahl und Flächenplanung
- Warenbeschaffung bei zirka 30 Lieferanten
- Messebesuche und Lieferantengespräche
- Regelmäßiges Übertreffen von Umsatzvorgaben

12.1995 - 11.2006 **Stellvertretende Filialleiterin Muster GmbH, Musterfurt**
- Beratung und Verkauf von Damenoberbekleidung
- Verantwortung für eine Verkaufsfläche zirka 300 qm
- Personaleinsatzplanung für bis zu 13 Mitarbeitern
- Eigenverantwortliche Kassenabrechnung
- Teilweise selbstständige Preisfindung

08.1978 - 11.1995 **Kauffrau im Einzelhandel bei Muster-Trendhouse, Musterstadt**
- Beratung und Verkauf von Damenoberbekleidung

Schule & Berufsausbildung

09.1975 - 07.1978 **Berufsausbildung bei Muster-Boutique, Musterberg**
- Abschluss: Kauffrau im Einzelhandel

09.1970 - 07.1975 **Muster-Hauptschule Musterberg**
- Hauptschulabschluss

Sonstige Kenntnisse & Fähigkeiten

- Englisch, Grundkenntnisse
- MS Word und MS Excel
- Hobby: Schneidern von Damenmode

TT. Monat JJJJ   *Suna Musterfrau*

Variante 5: Ohne Deckblatt, Seite 1 von 1

Thomas Muster
Muster-Beispiel-Straße 100, 68000 Musterdingen
Telefon: 0 12 34 - 2 34 56 78, E-Mail: thomas.muster@mail.de

Lebenslauf

Name:	**Thomas Muster**
Geburtsdatum:	**TT. Monat JJJJ**
Geburtsort:	**Geburtsstadt**
Familienstand:	**Verheiratet**
Nationalität:	**Deutsch**

Beruflicher Werdegang

01/2015 - heute — **Bewerbungsphase**

01/2000 - 12/2014 — **Systemanalytiker bei Muster-Technik AG, Musterstadt**
- Consulting im Bereich Hardware und Software
- Support und Service für Soft- und Hardware von PC-Monitoren
- Details im Erfahrungsprofil

02/1995 - 11/1999 — **Netzwerk-Administrator bei Musterland GmbH & Co. KG, Musterberg**
- Einrichtung, Betreuung und Wartung von PC-Netzwerken
- Details im Erfahrungsprofil

08/1988 - 12/1994 — **Wissenschaftlicher Mitarbeiter am Muster-Institut, Musterheim**
- Mitarbeit am Projekt „XYZ"
- Details im Erfahrungsprofil

Schule und Berufsbildung

01/1988 - 06/1988 — **Weiterbildung an der Muster Akademie, Musterfurt**
- Abschluss: Organisationsprogrammierer (IHK)

10/1987 - 12/1987 — **Lehrgang an der Muster Business School, Musterstadt**
- Zertifikat: Grundkenntnisse der Betriebswirtschaftslehre

11/1976 - 09/1987 — **Studium an der Universität Carl-Mustermann, Musterdingen**
- Studiengang: Geologie
- Nebenfächer: Physik und numerische Mathematik
- Vordiplom: 1974, kein Abschluss

09/1968 - 07/1976 — **Hans-von-Muster-Gymnasium, Musterfeld**
- Abschluss: Abitur

TT. Monat JJJJ — *Thomas Muster*

Variante 6: Ohne Deckblatt, inklusive Erfahrungsprofil, Seite 1 von 3

Dieter L. Schmich

Thomas Muster
Muster-Beispiel-Straße 100, 68000 Musterdingen
Telefon: 0 12 34 - 2 34 56 78, E-Mail: thomas.muster@mail.de

Erfahrungsprofil

Präsentationen und Kundenschulungen

- Schulung eigener Vertriebsmitarbeiter
- Unterstützung bei Messeaktivitäten sowie Vorführungen auf der CeBIT
- Produktpräsentationen in internen Räumlichkeiten (bis zu 50 Teilnehmern)
- Versuchsaufbauten im Werk auf Kundenanforderung
- Schulung der Anwender vor Ort beim Kunden:
  - Booklets
  - Grafikkarten
  - Fiery Controller
  - SPOOL-Systeme
  - Option zur Jobsteuerung
  - WEB Browser basierende Tools

Consulting und Kundenbetreuung

- Direkter Ansprechpartner für Bestandskunden, auch Key Accounts
- Kundenkontakt vom Erstgespräch über Projektdokumentationen bis zum Vertragsabschluss
- Aufnahme von spezifischen IT-Kundenwünschen vor Ort
- Erarbeitung von IT-Lösungs- und Umsetzungsstrategien
- Begleitung von Geräteinstallationen bis zur betriebsbereiten Übergabe an das Personal des Kunden
- Koordination von Beratungsleistungen zwischen Vertrieb, Technik und Kunden
- Kundenbetreuungsmaßnahmen sowie allgemeiner Kundenservice
- Kunden-Hotline zur Klärung von Störmeldungen
- Reklamationsmanagement

IT-Support

- Support bezüglich Grafiksystemen sowie -karten
- Optische Aufbereitung von Grafikdaten mit Form Muster Language (FML)
- Erstellung von kundenspezifischen Anforderungsprofilen
- Administration von Netzwerken bis zu 500 PCs
- Leitung des Software-Supports zwischen Kunden und Mitarbeiter
- Qualitätssicherung von neuen Versionen durch eigene Testreihen
- Testaufbauten beim Kunden oder im eigenen Werk

Berufliche Fort- und Weiterbildung

- Management Seminare der Firmen ABC GmbH, 123 AG und XYZ
- Muster-Technik AG-eigenes Lösungsgeschäft durch Intermuster-Akademie

Variante 6: Ohne Deckblatt, inklusive Erfahrungsprofil, Seite 2 von 3

Thomas Muster
Muster-Beispiel-Straße 100, 68000 Musterdingen
Telefon: 0 12 34 - 2 34 56 78, E-Mail: thomas.muster@mail.de

IT-Kenntnisse

- Entwicklung von Programmierkonzepten für Großrechner und PCs
- Auswertung wissenschaftlicher Daten durch Listenausgabe und farbige Plots
- Programmierung für Real Time Anwendungen
- Entwicklung von seriellen Interfaces zwischen PCs und Großrechnern
- Modifizierung von Betriebssystemen (Software und Hardware)
- IBM Assembler
- Cobol
- Fortran
- PC Assembler
- BASIC
- DOS/VSE
- MS Office
- MS Windows bis 8

Betriebswirtschaftliche Kenntnisse

- Organisation und Abwicklung des Transports bzw. Versands von Hardware
- Unterstützung der kaufmännischen Abteilung bei Fragen zur Auftragserfassung
- Abwicklung internationaler Zollformalitäten
- Operative und strategische Überlegungen zu spezifischen IT-Lösungen aufgrund von Kundenwünschen

Projektarbeit (XYZ)

- Bereitstellung und Programmierung der benötigten Software zum Test und zur Kalibrierung des Experimentes 123ABC im Labor
- Test und Betrieb des MNO-Systems vor Ort, Übermittlung der Messdaten
- Bearbeitung und Auswertung der wissenschaftlichen Daten des Experimentes
- Projektsprache: Englisch, in geringem Umfang Spanisch
- Rekonstruktion von gestörten Daten nach einem Spannungsabfall
- Selbstorganisation von Reisen zu Testeinrichtungen
- Budgetverantwortung für die Reisen
- Abwicklung von außereuropäischen Zollformalitäten

Sonstige Fähigkeiten und Kompetenzen

- Führerschein Klasse 3
- Fließendes Englisch in Wort und Schrift
- Gute Französisch-Kenntnisse
- Spanisch, einfache Grundkenntnisse
- Erfahrungen und Sachkenntnisse im internationalen Zollrecht

Variante 6: Ohne Deckblatt, inklusive Erfahrungsprofil, Seite 3 von 3

Dieter L. Schmich

2.2.2 Bewerbungsanschreiben

Die im Anschluss folgende „Jobakquisition" konzentriert sich auf vakante Positionen, die öffentlich nicht ausgeschrieben sind. Das bedeutet, Sie bewerben sich, ohne ein ausformuliertes Stellenangebot vorliegen zu haben. Die allgemeine Anforderung, dass das Bewerbungsanschreiben individuell auf die ausgeschriebene Arbeitsstelle eingehen muss, kann daher im Rahmen der 45plus-Strategie nicht optimal umgesetzt werden. An anderer Stelle zeige ich zwar auf, wie Sie nähere Informationen über entdeckte Stellen herausfinden können, dennoch müssen Sie auf ein Anschreiben zurückgreifen, das mehr oder weniger standardisiert ist.

Um der Vollständigkeit willen möchte ich noch darauf hinweisen, dass es viele Entscheidungsträger gibt, die Anschreiben wenig Glauben schenken und diese deshalb nur überfliegen. In manchen Fällen werden Bewerbungsschreiben überhaupt nicht gelesen. Diese Problematik betrifft Sie nicht. Sie haben bereits in Ihrem Lebenslauf alle wichtigen Daten und Fakten untergebracht. Falls auch Ihr Anschreiben unberücksichtigt bleiben sollte, wird dem Leser durch die Unterpunkte in Ihrem Lebenslauf (oder gegebenenfalls durch das Erfahrungsprofil) dennoch die volle Bandbreite Ihrer Fähigkeiten und Kenntnisse geboten.

Das Anschreiben ist jedoch ein offizieller Bestandteil Ihrer Unterlagen. Zudem kennen wir die individuellen Ansichten des Empfängers nicht. So bleibt uns nichts anderes übrig, als dieses Thema kurz abzuarbeiten, schließlich besteht der Anspruch, auch gegensätzliche Auffassungen auf der Arbeitgeberseite abzudecken.

Ich gebe Ihnen nun einen einfachen Leitfaden an die Hand, wie Sie schnell erlernen können, professionelle Anschreiben zu entwickeln. Im Folgenden erhalten Sie dazu eine Art Baukastensystem mit passenden Formulierungen. Damit können Sie Texte bequem zusammenstellen und zügig auf Ihre Situation abstimmen. Dazu sollten Sie sich Ihr Anschreiben in sechs gedanklichen Abschnitten vorstellen:

Struktureller Aufbau eines Bewerbungsanschreibens	
1. Teil	Briefkopf und Betreffzeile
2. Teil	Positive Einleitung
3. Teil	Aufzählung Berufserfahrungen
4. Teil	Aufzählung Charakterstärken
5. Teil	Individuelle Besonderheiten
6. Teil	Schlusssatz

Diese Einzelteile des Anschreibens stelle ich nun im Detail vor. Im Übrigen werden Sie während Ihrer „Jobakquisition" neben anderen Besonderheiten auch unbürokratisch Kontakt zu Arbeitgebern aufnehmen – und zwar im Vorfeld Ihrer Bewerbung. Diese Vorgehensweise setzen die nun folgenden Textmodule bereits voraus. Starten wir nun mit dem einfachsten Teil Ihres Briefs.

1. Teil: Briefkopf und Betreffzeile

Ihr Absender steht oben links zu Beginn Ihres Anschreibens. Die Kontaktdaten (Telefonnummer und E-Mail) sollten mit einbezogen werden. Das Datum (heute ohne Ortsangabe) steht in der ersten Zeile oben rechts. In der neunten Zeile erscheint dann die Adresse des Empfängers.

Achten Sie darauf, dass Sie die vollständige bzw. offizielle Unternehmensbezeichnung verwenden (z.B. im „Impressum" der entsprechenden Internetseite überprüfen). Das ist das Mindestmaß an guten Umgangsformen. Sie sollten sich schon dafür interessieren, wie das Unternehmen firmiert bzw. welche Gesellschaftsform tatsächlich gewählt wurde.

Der Ansprechpartner wird im Adressblock an zweiter Stelle nach der Firmenbezeichnung genannt. Das Kürzel „z. Hd." gilt heute als veraltet. In der zwanzigsten Zeile erscheint schließlich der Betreff (ohne die Abkürzung „Betr.:").

Grundsätzlich müssen Sie damit rechnen, dass die Person, die Sie anschreiben möchten, nicht diejenige ist, die als Erstes das Anschreiben liest bzw. bearbeitet. Zudem könnte der Empfänger mit einer Vielzahl an Bewerbungen konfrontiert sein. Stellen Sie deshalb einen geringstmöglichen Zeitaufwand für den Leser sicher. Bereits durch die Betreffzeile sollte dem Leser klar sein, und zwar ohne den weiteren Text lesen zu müssen, dass Sie sich und worauf Sie sich bewerben möchten:

- **Begriffe wie „Bewerbung", „bewerben", „Stelle", „Stellenangebot" oder Ähnliches sollten schon in der Betreffzeile auftauchen.**

- **Nennen Sie immer die Position (oder den Aufgabenbereich), auf die (den) Sie sich bewerben möchten.**

- **Wenn Sie im Vorfeld Kontakt aufgenommen hatten, beziehen Sie sich darauf schon im Betreff und geben zudem Name und Datum an.**

Ebenso muss klar sein, warum Sie auf die Idee gekommen sind, dem Empfänger etwas zuzusenden (z.B. Telefonat mit Herrn/Frau XY, etc.). Nur so wird schnell erkannt werden, dass es nicht um irgendeinen x-beliebigen „Blindbewerber" geht. Sie sind quasi berechtigt, die Zeit des Lesers einzufordern.

Nach der Betreffzeile folgt, nachdem Sie zwei Leerzeilen eingefügt haben, die übliche Anrede „Sehr geehrte Frau XY" oder „Sehr geehrter Herr XY", die mit einem Komma abgeschlossen wird. Nach einer weiteren Leerzeile beginnt Ihr eigentlicher Text. In Österreich und Deutschland ist der erste Satz die Fortführung der Anrede. Demnach gilt für den Beginn des ersten Satzes die Kleinschreibung (im Gegensatz zur Schweiz: Die Anrede wird dort nicht mit einem Komma abgeschlossen, deshalb geht es danach im Text mit der Großschreibung weiter).

2. Teil: Positive Einleitung

Ihr eigentlicher Text beginnt nun. Grundsätzlich sollten darin keine Floskeln enthalten sein. Eine Ausnahme dürfen die ersten Sätze sein. Es entspricht dem guten Umgangston, einen Brief mit einem höflichen, freundlichen Einstiegssatz zu beginnen. Wenn dem Leser auffällt, dass Sie sich über Ihren potenziellen Arbeitgeber informiert haben, ist dies eine weitere positive und angenehme Aufmerksamkeit. Darüber hinaus müssen Sie im ersten Teil Ihres Textes den in der Betreffzeile genannten Anlass konkretisieren.

> **Zu Beginn sollte ein positiver Bezug zum Ansprechpartner oder zum Unternehmen hergestellt werden.**

Fällt Ihnen dazu nichts Besonderes ein, sollten Sie sich nicht mit Gewalt irgendetwas aus den Fingern saugen. Ein einfacher, freundlicher Einstiegssatz ist dann völlig in Ordnung.

Es werden nun beispielhaft einige mögliche Formulierungen aufgezählt. Suchen Sie sich ein Textmodul heraus, das Ihnen gefällt bzw. zu Ihrer Ausgangssituation passt:

... zunächst herzlichen Dank für das informative Gespräch. Sehr gerne sende ich Ihnen meine Bewerbungsunterlagen zu.

... Ihr Angebot, mich bei Ihnen bewerben zu können, hat mich sehr gefreut. Als Anhang erhalten Sie meine Bewerbungsunterlagen als PDF-Datei.

... mein Telefonat mit Herrn Muster war sehr informativ. Er empfahl mir, Ihnen meine Unterlagen zuzusenden.

Dieter L. Schmich

... zunächst vielen Dank für die prompte Antwort auf meine Anfrage. Ihr Unternehmen ist Marktführer im Bereich .... , deshalb bewerbe ich mich sehr gerne um eine Position als ...

... unser Gespräch am TT.MM.JJJJ auf der Messe XYZ war für mich sehr interessant. Vielen Dank, dass Sie mir das Angebot machten, mich bei Ihnen bewerben zu können.

... vorab möchte ich mich für das angenehme Telefonat bedanken. Gerne nehme ich Ihr Angebot wahr, Ihnen meine Bewerbungsunterlagen zuzusenden.

... gerne würde ich in Ihrem Unternehmen tätig sein. Im Übrigen ist mir Ihre Internetseite positiv aufgefallen, weil ....

... sehr gerne sende ich Ihnen meine vollständigen Bewerbungsunterlagen per Post zu.

... zunächst vielen Dank, dass Sie sich am .... spontan Zeit für mich genommen hatten. Wie vereinbart, sende ich Ihnen meine Kurzbewerbung zu.

Selbstverständlich können Sie einzelne Formulierungen nur teilweise verwenden, ergänzen, kürzen oder kombinieren.

3. Teil: Aufzählung Berufserfahrungen

Verzichten Sie ab jetzt auf Floskeln! Der Leser muss womöglich tagtäglich zahlreiche Anschreiben lesen. Einfache und eindeutige Sätze, warum Sie die richtige Kandidatin bzw. der richtige Kandidat sind, sollten jetzt folgen.

Starten Sie sofort mit Ihren 45-plus-Sonderaustattungen – Ihre langjährig erworbenen Praxiskenntnisse. Dafür können Sie die Ergebnisse aus der Analyse Ihres fachlichen Know-hows hervorragend nutzen. Zählen Sie jedoch nur die wichtigsten Berufserfahrungen auf, schließlich kann in Ihrem Fall alles Weitere übersichtlich und zeitsparend aus dem folgenden Lebenslauf oder Erfahrungsprofil entnommen werden. Im Folgenden zähle ich wieder einige Textmodule auf:

Im Laufe meines langjährigen Berufslebens konnte ich meine Ausbildung zum .... mit umfangreichen Praxiskenntnissen ergänzen. Meine Aufgabengebiete betrafen in der Hauptsache .... und ....

Sowohl .... und .... als auch .... waren regelmäßige Bestandteile meiner Arbeit.

Neben meiner Qualifikation als .... biete ich langjährige Erfahrungen in ...., ... und ....

Aufgrund meiner Funktion als .... sind mir die Tätigkeitsbereiche ...., ... und .... bestens bekannt.

Zu meinen weiteren fachlichen Stärken zählen ...., ... und ....

Zudem biete ich die Zusatzqualifikation ....

Bei meiner letzten Anstellung bei einem globalen Marktführer für .... war ich mit der Bearbeitung der Sachgebiete .... und .... betraut.

Ebenso kann ich umfangreiche praktische Erfahrungen in den Bereichen .... , ... und .... vorweisen.

Neben .... umfasste meine Zuständigkeit auch .... und ....

Mein Aufgabengebiet umfassten die Tätigkeiten .... und ....

Zudem war ich verantwortlich für .... und ....

Der tägliche Umgang mit .... und .... gehört für mich zur Selbstverständlichkeit.

Durch mein Engagement im Bereich .... habe ich bewiesen, dass ich in der Lage bin, ...

Im Übrigen war ich auch mit .... und .... beauftragt, deshalb biete ich ausreichende Erfahrungen in .... sowie ....

Durch meine Verantwortungsbereiche .... und .... eignete ich mir viel Know-how in .... an.

Dieter L. Schmich

Suchen Sie sich einige Module heraus, die zu Ihrem natürlichen Sprachgebrauch sowie zu Ihrer Situation passen. Ich empfehle Ihnen, nicht mehr als zwei bis drei Sätze zu verwenden. Damit haben Sie noch genügend Raum für Ihre Softskills, die im Anschluss noch genannt werden müssen. Schließlich sollte Ihr Bewerbungsanschreiben eine A4-Seite nicht überschreiten.

4. Teil: Aufzählung Charakterstärken

An dieser Stelle hat der Betrachter Ihres Anschreibens bereits viele Ihrer fachlichen „Sonderausstattungen" genannt bekommen. Damit nicht genug – sofort geht es weiter: Jetzt ist die Beschreibung des zweiten Wettbewerbsvorteils gegenüber jüngeren Kandidaten an der Reihe. Als gestandene Persönlichkeit können Sie sicher einige charakterliche Vorzüge aufzählen. Diese liegen Ihnen an dieser Stelle bereits vor. Sie haben in der Profilanalyse des letzten Kapitels ja schon drei bis sechs Merkmale ausgearbeitet. Sie müssen diese Ergebnisse nur noch in die Textlücken eintragen:

Als meine besonderen Stärken betrachte ich meine .... und .... Darüber hinaus zeichne ich mich durch .... und .... aus.

Durch meine bisherigen Positionen .... und .... habe ich vor allem meine .... und .... unter Beweis stellen können.

Die Fähigkeiten .... ,.......... und .... zähle ich zu meinen besonderen Stärken.

Zu meinen persönlichen Eigenschaften gehören .... und ....

Bisher wurde mir bescheinigt, dass ich über die Eigenschaften ...., ... und .... verfüge.

Während meiner Tätigkeit als .... konnte ich meine .... und .... unter Beweis stellen.

Meine persönlichen Stärken .... und .... werden sicher hilfreich sein, mich rasch einarbeiten zu können.

Als .... habe ich gelernt, ... und .... zu handeln.

Meine .... und .... Art ermöglicht es mir, meine Aufgaben .... zu bewältigen.

Zudem zeichne ich mich durch .... und .... gepaart mit .... aus.

Eine hohe .... sowie eine ausgeprägte .... runden mein Profil ab.

Des Weiteren gilt meine Arbeitsweise als .... und ....

Meine wesentlichen Persönlichkeitsmerkmale .... und .... konnte ich während meiner Arbeit als .... praxisorientiert anwenden.

Suchen Sie sich wieder Varianten heraus, die zu Ihnen passen. Auch hier sollten Sie nicht mehr als zwei bis drei Sätze schreiben. Das genügt, um die in der Profilanalyse herausgefundenen Stärken aufzählen zu können.

Rechnen Sie im Übrigen damit, in einem Vorstellungsgespräch auf die von Ihnen genannten Persönlichkeitsmerkmale angesprochen zu werden. Sie sollten Ihre Stärken also schon bei der Formulierung gedanklich begründen können.

5. Teil: Individuelle Besonderheiten

Der dritte und vierte Teil Ihres Anschreibens entsprechen klassischer Verkaufskommunikation. Sie haben, ohne viel drum herum zu reden, schnell die Vorteile, die Sie für das Gegenüber bieten, beim Namen genannt. Sie haben Ihre beiden 45plus-Sonderausstattungen „Erfahrung" und „Persönlichkeit" ins rechte Licht gerückt.

Damit das Ganze nicht gleich wieder verpufft, müssen Sie nun mit Ihrem Text schnellstmöglich zum Ende kommen. Es können jedoch einige Besonderheiten vorliegen, auf die es noch hinzuweisen gilt. An dieser Stelle Ihres Bewerbungsanschreibens können Sie das kurz ansprechen:

Mein Zeugnis wird gerade durch meinen letzten Arbeitgeber erstellt. Sobald es vorliegt, werde ich es Ihnen umgehend nachreichen.

Zu Ihrer Information bin ich erst wieder ab dem .... erreichbar, weil ....

Seit geraumer Zeit trage ich mich mit dem Gedanken, meinen Wohnort zu wechseln. Ihre Region würde ich dabei besonders bevorzugen.

Im Übrigen fühle ich mich hier seit meiner Einreise im Jahr .... sehr wohl. Ich habe mich sehr gut integrieren können und verfüge deshalb über fließende Deutschkenntnisse in Wort und Schrift.

Meine Bewerbungsunterlagen enthalten im Übrigen nur die wichtigsten Arbeitszeugnisse, da die Datei sonst zu groß geworden wäre. Falls Sie jedoch die fehlenden Belege einsehen möchten, werde ich diese selbstverständlich umgehend nachreichen.

Im Übrigen habe ich meinem tabellarischen Lebenslauf ein Erfahrungsprofil hinzugefügt, das Ihnen übersichtlich alle weiteren Berufserfahrungen aufzeigt.

6. Teil: Schlusssatz

Ihr Bewerbungsanschreiben ist nun fast fertig. Sie haben es geschafft. Fehlt nur noch ein kurzer Schlusssatz.

Ich wäre kurzfristig einsatzbereit und würde mich über die Einladung zu einem Vorstellungsgespräch sehr freuen.

Über ein persönliches Gespräch, bei dem Sie sich ein genaueres Bild von meiner Person und meinen Qualifikationen verschaffen können, würde ich mich sehr freuen.

Ihrem Unternehmen kann ich ab dem TT.MM.JJJJ zur Verfügung stehen. Gerne würde ich Sie in einem persönlichen Gespräch von meiner Motivation überzeugen.

Ich bin kurzfristig verfügbar und freue mich über ein persönliches Gespräch.

Mein Einstiegsgehalt sollte zwischen € 00.000 und € 00.000 p. a. liegen. Über ein mögliches Vorstellungsgespräch freue ich mich sehr.

Ab MM/JJJJ könnte ich zur Verfügung stehen. Meine Gehaltsvorstellungen liegen bei zirka € 00.000 p. a. Über die Einladung zu einem Vorstellungsgespräch freue ich mich sehr.

Zerbrechen Sie sich bitte nicht den Kopf, ob beispielsweise die Verwendung des Konjunktivs richtig oder falsch ist. Ich kann Ihnen guten Gewissens versichern, dass es bei Arbeitgebern niemanden geben wird, der sich heute noch ernsthaft mit solchen Bagatellen beschäftigen kann. Das gilt ebenso, falls Sie sich die Frage stellen sollten, ob es erlaubt ist, einen Satz mit „Ich" zu beginnen. Grundsätzlich gilt:

Je erfahrener ein Leser ist oder je weniger Zeit zur Verfügung steht, umso weniger spielt der Text eine größere Rolle.

Das heißt, übertreiben Sie es nicht mit dem Aufwand, Ihr Bewerbungsanschreiben zu optimieren. Das entscheidende Dokument Ihrer Werbebroschüre bleibt der tabellarische Lebenslauf.

Musterbeispiele

Nachfolgend zeige ich wieder einige Beispiele. Zudem finden Sie weitere Musterbeispiele auch wieder auf meiner Homepage.

Da andere diesen Ratgeber auch lesen, sollten Sie nicht einfach das Vorgestellte übernehmen. Bringen Sie zusätzlich Ihren Stil mit ein. Ergänzen Sie die Textvarianten mit eigenen Ideen.

Im Übrigen werden meist die Schriften „Arial", „Tahoma" oder „Verdana" mit den Schriftgrößen 11pt oder 12pt verwendet. Darüber hinaus werden Sie eine kleine Absenderzeile über der Empfängeradresse eingefügt sehen. Wenn Sie sich für diese Variante entscheiden, können Sie später Fensterkuverts verwenden. Falls der nostalgische Fall eintreten sollte, dass jemand noch die gute, alte Bewerbungsmappe wünscht, müssen Sie so das Kuvert nicht per Hand beschriften.

Dieter L. Schmich

Hans Mustermann   JJ. Monat JJJJ
Mustermannstraße 100
12345 Musterheim
Telefon: 01 23 4 - 56 78 910
E-Mail: hans.mustermann@email.de

Hans Mustermann, Mustermannstraße 100, 12345 Musterheim

Musterunternehmen GmbH & Co. KG
Frau Lara Musterfrau, Geschäftsführerin
Am Mustersteig 12
54321 Musterstadt

Ihre E-Mail vom TT.MM.JJJJ, Bewerbung als „Technischer Leiter"

Sehr geehrte Frau Musterfrau,

herzlichen Dank für die prompte Antwort per E-Mail. Gerne nehme ich Ihr Angebot
wahr und sende Ihnen meine Bewerbungsunterlagen als PDF zu.

Als Konstruktionsleiter verfüge ich über umfangreiche Fachkenntnisse in den
Bereichen Konstruktion, Fertigung und Projektmanagement. Der Schwerpunkt
bestand in der Erstellung von Sonderkonstruktionen für Bewegungssysteme auf
Messen und Ausstellungen. Weitere Anwendungsbereiche betrafen
Produktionslinien, den Anlagenbau, die Bühnentechnik und den Eventbereich. Meine
Teamverantwortung betraf acht Mitarbeiter.

Während meiner langjährigen Tätigkeit konnte eine europaweite Marktführerschaft
erreicht werden. Neben der Konstruktion der Anlagen umfasste mein
Verantwortungsbereich auch Kunden- und Lieferantengespräche, die
Angebotserstellung sowie die Kalkulation und Koordination von Projekten. Zu meinen
weiteren Qualifikationen zählen der konsequente Umgang mit leistungsfähigen 3D-
CAD-Programmen, sehr gute Englischkenntnisse sowie das professionelle Arbeiten
mit MS Office.

Zu meinen Hauptstärken gehören unkonventionelles Denken und die Freude an der
Entwicklung. Zudem zeichne ich mich durch Entscheidungsfreude und
Durchsetzungsvermögen gepaart mit unternehmerischem Denken aus.

Über ein persönliches Gespräch würde ich mich sehr freuen.

Mit herzlichen Grüßen

Hans Mustermann
Hans Mustermann

Anlage

Variante 1: Vorheriger Kontakt per E-Mail

Sabine Muster
Musterstraße 100
12345 Musterstadt
Telefon: 01 23 / 45 67 89 10
E-Mail: sabine.muster@email.de

TT. Monat. JJJJ

Sabine Muster, Musterstraße 100, 12345 Musterstadt

Muster gGmbH, Seniorenheim Musterdorf
Herr Dr. Max Mustermann
Musterstraße
70123 Musterdorf

Unser Gespräch am TT.MM.JJJJ auf der Mustermesse
Bewerbung als Leiterin einer Altenpflegeeinrichtung

Sehr geehrter Herr Dr. Mustermann,

zunächst herzlichen Dank für das angenehme und informative Gespräch auf der Mustermesse in Musterstadt. Sehr gerne sende ich Ihnen meine Unterlagen zu.

Als diplomierte Sozialpädagogin biete ich langjährige und umfangreiche Berufserfahrungen in verantwortlichen Positionen der Seniorenarbeit. Aufgrund meiner Funktion als Heimleiterin sind mir die Aufgabenbereiche Budgetplanung/-verantwortung, Personalführung, Pflegebereichsplanung/-koordination sowie die Weiterentwicklung von Pflegekonzepten bestens bekannt.

Sowohl die Sicherung der Kapazitätsauslastung für 130 stationäre Pflegeplätze inklusive Kurzzeitpflege und 65 betreuten Seniorenwohnungen als auch die Repräsentation der Einrichtung nach innen und außen waren regelmäßiger Bestandteil meiner Arbeit. Zudem verfüge ich über die zertifizierte Zusatzqualifikation als QM-Beauftragte. Der tägliche Umgang mit dem PC und MS Office gehören für mich zur Selbstverständlichkeit.

Meine bisherigen Arbeitgeber schätzten an mir besonders meine Integrität, meinen Sinn für das Machbare sowie meine Führungskompetenz. Des Weiteren zeichne ich mich durch Einfühlungsvermögen, unternehmerisches Denken und Patientenorientierung aus.

Über Ihre Einladung zu einem persönlichen Gespräch freue ich mich sehr.

Mit freundlichen Grüßen

Sabine Muster
Sabine Muster

Bewerbungsunterlagen

Variante 2: Vorheriger persönlicher Kontakt

Dieter L. Schmich

Anette Mustermann   JJ. Monat JJJJ
Mustermannstraße 100
12345 Musterheim
Telefon: 01 23 4 - 56 78 910
E-Mail: anette.mustermann@email.de

Anette Mustermann, Mustermannstraße 100, 12345 Musterheim

IT-Musterunternehmen GmbH
Frau Lara Musterfrau
Am Mustersteig 12
54321 Musterstadt

Unser Telefonat vom TT. MM. JJJJ
Bewerbung für die Bereiche Auftragsabwicklung oder Vertriebsinnendienst

Sehr geehrte Frau Musterfrau,

zunächst vielen Dank für das freundliche Telefonat. Wie besprochen sende ich Ihnen
meine vollständigen Bewerbungsunterlagen zu.

Ich biete für die zu besetzende Position spezifische und langjährige
Berufserfahrungen. Dazu zählen in der Hauptsache die Themengebiete Customer-
Service, Vertragsverhandlungen, Angebotserstellung sowie die komplette Bandbreite
aller üblichen Aufgaben in der Auftragsabwicklung. Meine Affinität zur
Vertriebsunterstützung und Kompetenz in Sachen Assistenz runden mein Profil ab.

Durch meine bisherigen Tätigkeiten habe ich vor allem meine effektive Arbeitsweise
und Kundenorientierung unter Beweis stellen können. Persönlich zeichne ich mich
durch ein hohes Maß an Flexibilität aus. Ich bin entscheidungsstark, behalte den
Überblick und kann sehr gut Prioritäten setzen. Toleranz, Teamgeist und
Aufgeschlossenheit zählen zu meinen weiteren Stärken.

Im Übrigen habe ich meinem tabellarischen Lebenslauf ein Erfahrungsprofil
hinzugefügt, das Ihnen übersichtlich alle weiteren Berufserfahrungen aufzeigt.

Ich freue mich, Ihnen in einem persönlichen Gespräch einen noch umfassenderen
Eindruck von mir vermitteln zu können.

Mit freundlichen Grüßen

Anette Mustermann
Anette Mustermann

Bewerbungsunterlagen

Variante 3: Vorheriger Kontakt per Telefon

Haben Sie schließlich neben dem tabellarischen Lebenslauf auch Ihr Musteranschreiben fertig erstellt, werden Sie einiges geleistet haben. Eine solche gedankliche und schriftliche Vorarbeit ist elementar wichtig für das hier vorgestellte Drei-Stufen-Konzept. Diese mühselige Fleißarbeit wird nämlich etwas in Ihnen bewirken. Dazu im nächsten Kapitel mehr.

2.3 Non-verbale Selbstdarstellung

Hier ist Ihre Wirkung auf andere gemeint – sozusagen Ihre berufliche Ausstrahlung. Dazu habe ich jetzt sehr erfreuliche Nachrichten: Sie müssen an dieser Stelle dieses Buchs nichts mehr tun, um Ihre non-verbale Selbstdarstellung zu optimieren. Diese verbessert sich automatisch zum Positiven, während Sie die letzten beiden Unterkapitel durcharbeiten. Sie werden überrascht sein, dass sich bei Ihnen ein deutlich höheres Selbstbewusstsein einstellen wird. Dies liegt im Übrigen in der Natur der Sache des hier vorgestellten Ablaufs für das Selbstmarketing:

1. Die Selbstanalyse Ihrer Stärken und Berufserfahrungen garantiert eine optimale <u>verbale</u> Selbstdarstellung.

2. Die Übertragung der Analyseergebnisse in Lebenslauf und Anschreiben garantiert eine optimale <u>schriftliche</u> Selbstdarstellung.

3. Seinen beruflichen Wert erarbeitet und diesen jederzeit gedanklich präsent zu haben, garantiert eine optimale <u>non-verbale</u> Selbstdarstellung.

Indem Sie sich ausführlich mit Ihren vielen Stärken beschäftigen, werden Sie sich Ihrer ‚selbst' (Ihrem Profil) ‚bewusst'. So entsteht Selbst-Bewusstsein. Daraus resultiert ein gewisses ‚Gefühl' für den eigenen beruflichen ‚Wert'. Ein Selbstwert-Gefühl ist die Folge, das idealerweise zu Selbstvertrauen und schließlich zu Selbstsicherheit führt.

Dieter L. Schmich

> **Sie werden nach getaner Arbeit Ihre Stärken und Ihre wichtigsten Berufserfahrungen jederzeit im Kopf haben.**

Die Gewissheit, das Ganze jederzeit gedanklich abrufen zu können, wird Ihnen Sicherheit geben. Dies ist die logische Konsequenz aus der Fleißarbeit, die ich Ihnen mit der Profilanalyse zugemutet habe.

Haben Sie sich erst einmal eine Stoffsammlung erarbeitet, diese dann auf Relevanz überprüft, anschließend unwichtige Punkte gestrichen und zum Schluss in Form von Bewerbungsunterlagen werbewirksam aufbereitet, können Sie sich darauf verlassen, dass Sie Ihre fachlichen und charakterlichen Fähigkeiten nicht mehr so schnell vergessen. Insbesondere wenn Sie auf wichtige Ansprechpartner bei potenziellen Arbeitgebern treffen, wird das äußerst vorteilhaft für Sie sein. Allerspätestens in einem Vorstellungsgespräch werden Sie punkten können.

Alles in allem wird dieses Selbstmarketing-Kapitel bei Ihnen die Erkenntnis bewirken, dass Sie deutlich mehr zu bieten haben, als Sie im Vorfeld vermuteten. Stehen Sie bitte auch dazu! Besonders Ihre Generation hat von ihren Eltern oft die Technik der „Falschen Bescheidenheit" vermittelt bekommen. Sozusagen als eine Form guter Manieren. Im Privatleben ist dieses Auftreten sicher angenehm für Ihr Umfeld. Im Berufsleben hingegen kann der Schuss nach hinten losgehen. Legen Sie zumindest für Ihre Jobsuche diese Unart, sein Licht unter den Scheffel stellen zu wollen, ab:

> **Personaler erwarten von Ihnen, dass Sie objektiv, klar und vollständig Ihre Vorzüge benennen können.**

Erinnern Sie sich bitte: Sie stehen im Wettbewerb mit anderen Bewerberinnen und Bewerbern. Ihre Ansprechpartner bei Unternehmen sind heute mehr denn je darauf angewiesen, dass Jobsuchende in der Lage sind, über sich aussagekräftig und treffend zu kommunizieren. Personaler oder Entscheidungsträger haben heute nicht mehr die Zeit, ausführlich zu bohren, um dann doch irgendwann zu entdecken, dass mehr in Ihnen steckt, als Sie angegeben haben.

Mir ist im Übrigen bewusst, dass das Kapitel „Selbstmarketing" bzw. die Verbesserung Ihrer verbalen, schriftlichen und non-verbalen Selbstdarstellung die anspruchsvollste Aufgabe bei der Jobsuche ist. Es wird Ihre Selbstsicherheit und Ausstrahlung maßgeblich verbessern (wenn Sie nicht jetzt schon optimal ist). Damit fördern Sie eine Ihrer wichtigsten 45plus-Sonderausstattung – die Wirkung auf andere aufgrund Ihrer Persönlichkeit.

Ihr Charisma sollte Ihrem großen Know-how entsprechen.

Diesen Trumpf müssen Sie bei Arbeitgebern unbedingt ausspielen. Machen Sie sich also bitte diese Mühe und erarbeiten sich in Eigenregie Ihre vielen Vorzüge. Spielen Sie Detektiv, was Sie alles zu bieten haben und überdenken, was davon wohl für Unternehmen lukrativ sein könnte. Zerbrechen Sie sich den Kopf – es wird sich lohnen. Alles andere, was im Rahmen der 45plus-Strategie noch auf Sie zukommt, wird dagegen wie ein Kinderspiel wirken.

3  Jobakquisition

Kommen wir nun zum entscheidenden Thema dieses 45plus-Werks. Falls Sie alle Empfehlungen dieses Kapitels konsequent in die Praxis umsetzen, werden Sie schon in wenigen Wochen außergewöhnliche Ergebnisse erzielen. Sie werden bereits Einladungen zu Vorstellungsgesprächen vorliegen haben, während andere noch damit beschäftigt sind, in Online- oder Printmedien nach passenden Stellenanzeigen zu suchen.

Die Herausforderung liegt darin, dass Sie sich zwar auf unveröffentlichte Vakanzen bewerben wollen, diese aber nicht in Zeitungen oder im Internet zu finden sind. Es stellt sich also die spannende Frage, wie diese scheinbar widersprüchliche Ausgangssituation zu meistern ist.

In der Vergangenheit konnten unveröffentlichte Positionen durch klassische Initiativbewerbungen entdeckt werden. Initiativ bedeutete bisher, Bewerbungsunterlagen ‚blind‘ an potenzielle Arbeitgeber zu versenden. Vor vielen Jahren war dies eine erfolgversprechende Bewerbungsstrategie, auch für 45plus-Kandidaten. Leider ist diese Vorgehensweise nicht mehr zeitgemäß. Die anfänglichen Vorteile haben sich ins Gegenteil verkehrt.

Es gibt mittlerweile zahlreiche Jobsuchende, die einfach eine Vielzahl an Bewerbungsunterlagen an alle möglichen Personalabteilungen übermitteln. Viele Arbeitgeber werden heute von solchen Initiativbewerbungen förmlich überschwemmt. Das Resultat ist, dass es Großkonzerne gibt, die täglich Hunderte von Bewerbungsunterlagen erhalten. Sie haben richtig gelesen: Hunderte, und zwar Tag für Tag! Bei besonders bekannten Firmen kann sich diese enorme Menge täglich eingehender Bewerbungen sogar auf über Tausend belaufen.

Bewerberinnen und Bewerber, die ungefragt Unterlagen an Unternehmen senden, laufen heute Gefahr, heillos in der Masse unterzugehen. Darüber hinaus zeigt sich die Arbeitgeberseite zunehmend genervt. Immer mehr Unternehmen möchten sich diesen zeitlichen und administrativen Kostenfaktor, Berge von ungebetenen Bewerbungen abarbeiten zu müssen, nicht mehr zumuten. Es gibt heute sogar Firmen, die auf Unterlagen, die nicht ausdrücklich angefordert wurden, gar nicht mehr reagieren. Diese werden dann schon im Posteingang aussortiert (oder es wird nett auf das Bewerbungsportal auf der Internetseite verwiesen, wo dann die Bewerberdaten meist für ewig online ruhen).

Der alte Weg, sich initiativ zu bewerben, beinhaltet einen weiteren, sehr bedeutenden Nachteil:

Mit dem unaufgeforderten Versand von Initiativbewerbungen treffen Sie so gut wie immer den falschen Zeitpunkt.

Ist beim betreffenden Unternehmen gerade keine Stelle frei, sind Sie dort auf eine professionelle Verarbeitung der Bewerberdaten angewiesen. Nur wenn diese administrative Grundvoraussetzung gegeben ist, können Sie wieder ins Spiel kommen, falls zu einem späteren Zeitpunkt eine passende Position frei wird. Nur dann, wenn Ihre Daten im Vorfeld optimal erfasst und verarbeitet wurden, wäre dies möglich. Leider erfüllen heute die wenigsten Unternehmen diese Voraussetzung. Vielleicht wird Ihnen sogar mitgeteilt, dass man sich wieder bei Ihnen melden werde, falls sich irgendwann etwas ergeben sollte. Doch in der Realität hören die meisten Bewerber nie mehr etwas von den betreffenden Firmen. Die Ursache von alledem liegt in den Rationalisierungsmaßnahmen vergangener Jahre begründet: Personalknappheit ist an der Tagesordnung. Mitarbeiterinnen und Mitarbeiter haben heute in der Regel mehr Arbeitsaufgaben zu bewältigen als noch vor einigen Jahren. Aus dieser erhöhten Arbeitsbelastung eines jeden Beschäftigten resultiert zwangsläufig eine Verschlechterung von Arbeitsergebnissen und der Qualität von Betriebsabläufen. Dies betrifft natürlich auch die organisatorischen und administrativen Vorgänge. Eine professionelle Ablage (bzw. digitale Wiedervorlage) früher eingegangener Bewerbungsunterlagen findet immer seltener statt. Dies kostet Zeit, die man sich heute nicht mehr nehmen möchte (Ausnahme: Qualifikationen, die vom Fachkräftemangel besonders betroffen sind). Zudem läuft ein Personaler oder Entscheidungsträger immer Gefahr, sich mit Bewerbern zu beschäftigen, die zwischenzeitlich einen anderen Job gefunden haben und deshalb nicht mehr zur Verfügung stehen. Als Folge davon werden in den Personalabteilungen eher aktuelle Bewerbungen bearbeitet. Die Wahrscheinlichkeit, dass ältere Unterlagen vergessen werden oder im Extremfall bewusst unberücksichtigt bleiben, ist mehr als hoch. Natürlich könnten Sie dieses Problem lösen, indem Sie Ihre Unterlagen wiederholt den gleichen Arbeitgebern zusenden. Die Frage, ob dies eine clevere Strategie ist, können Sie sich sicher selbst beantworten.

Es bleibt also die Zwickmühle: Einerseits werden die interessanten und passenden Positionen für Bewerberinnen und Bewerber Ihres Jahrgangs meist nicht öffentlich ausgeschrieben, andererseits ist die bisherige Vorgehensweise für Initiativbewerbungen wenig zielführend. Was ist jetzt die Lösung? Ganz einfach:

Sie bewerben sich erst einmal überhaupt nicht.

Vielmehr konzentrieren Sie sich auf die eigentliche Suche von offenen Stellen. Sie belästigen also keine Arbeitgeber ungefragt mit Ihren Unterlagen, sondern beschränken sich nur auf die Frage, ob Interesse an Ihrer Bewerbung besteht. Das heißt, durch den kleinen Umweg, sich lediglich ein Okay einholen zu wollen, schaffen Sie sich einen plausiblen Grund, unbürokratisch (und sehr zeitsparend) auf Unternehmen

Dieter L. Schmich

zuzugehen. Dieser kleine Bewerbungstrick wird dazu führen, dass Sie einfach ins Gespräch kommen und so prüfen können, ob Positionen überhaupt vakant sind. Sie akquirieren sozusagen potenzielle Arbeitgeber. Vergleichbar mit einem Vertriebsmitarbeiter, der Firmen anspricht, um mögliche Verkaufspotenziale zu erkunden, um im Anschluss ins Geschäft zu kommen.

Statt Unterlagen zu versenden, akquirieren Sie offene Stellen.

Um jedoch dahin zu gelangen, ist Vorarbeit zu leisten. Bevor Sie Anfragen starten können, müssen Sie erst einmal wissen, bei wem sie diese überhaupt stellen können. Sie haben im allerersten Schritt herauszufinden, welche Unternehmen, Institutionen, Behörden, Vereine, Einrichtungen oder sonstige Arbeitgeber infrage kommen. Welche Arbeitgeber passen zu Ihrem Profil bzw. Berufswunsch? Damit steht die erste Anforderung fest, um Jobs aktiv akquirieren zu können:

Im ersten Schritt ermitteln Sie zunächst Ihre Zielgruppe.

Erst wenn Sie diese Arbeitgeberzielgruppe kennen, wissen Sie, wo Ihr Arbeitsmarkt ist. Danach können Sie sich konkreter schlau machen. Es folgt die nächste Stufe der „Jobakquisition":

Im zweiten Schritt nehmen Sie unbürokratisch Kontakt auf.

Demnach durchlaufen Sie zunächst eine Recherche- und Kommunikationsphase, bevor Sie sich bewerben. Sie beginnen also, Kontakt aufzunehmen, und minimieren das Risiko, in der Masse unterzugehen. Sie werden aktiv und versenden keine Unterlagen mehr ‚ins Blaue hinein'. Sie setzen nicht mehr auf das ‚Prinzip Hoffnung', sondern nehmen Ihr Schicksal selbst in die Hand.

Dabei entdecken Sie nicht nur unveröffentlichte, freie Stellen, sondern Sie erhalten darüber hinaus die Namen wichtiger Ansprechpartner und wertvolle Insiderinformationen. Zusätzlich erfüllen Sie ein weiteres Kriterium für die erfolgreiche Jobsuche. Haben Sie sich erst einmal das Okay für Ihre Bewerbung eingeholt, haben Sie natürlich automatisch auch den richtigen Zeitpunkt getroffen, um Ihre Unterlagen zu versenden. Dieser Ablaufplan ist damit nicht nur zielführend, sondern vor allem hocheffektiv:

Sie bewerben sich erst dann, wenn Ihr Arbeitsangebot auf eine konkrete Nachfrage auf der Arbeitgeberseite stößt.

Das heißt, um sich im „Verdeckten Stellenmarkt" bewerben zu können, müssen Sie Spezialist für die Gewinnung von Informationen werden. Sie fokussieren sich auf die Arbeitgeberrecherche und Kontaktaufnahme und nicht mehr darauf, Kunstwerke von Anschreiben oder Lebensläufen zu erstellen. Kurzum:

Entscheidend für eine erfolgreiche 45plus-Jobsuche ist die Fähigkeit, Informationen zu gewinnen.

Erst wenn Sie den „Verdeckten Stellenmarkt" erobert haben, schließt sich das an, was Sie bereits kennen – die Erstellung und Übermittlung von Bewerbungsunterlagen. Zu diesem Zeitpunkt wird das für Sie aber ein sehr angenehmer Prozess sein. Wenn man nur wenige bis keine Mitbewerber um offene Stellen hat, muss man auch keinen großartigen Aufwand mehr betreiben, um mit seinen Dokumenten aus der Masse hervorzustechen.

Lange Rede, kurzer Sinn: Die für Ihren Lebensabschnitt maßgeschneiderte Strategie zur eigentlichen Jobsuche ist die sogenannte „Jobakquisition". Diese besteht aus einem Ablaufplan, der drei Phasen beinhaltet:

1. Recherchephase

2. Kontaktphase

3. Bewerbungsphase

Dieter L. Schmich

3.1 Recherchephase

Das Ziel dieser ersten Phase ist die Erstellung einer Liste Ihrer Arbeitgeberzielgruppe. Sie werden zunächst einmal zu einem Sammler von Unternehmensdaten.

Dabei ist es natürlich effektiv, schon die nächste Phase der Kontaktaufnahme gleich mitvorzubereiten. Notieren Sie sich daher schon bei der Recherchearbeit die Telefonnummern oder E-Mail-Adressen der betreffenden Arbeitgeber. In der Summe soll eine Aufstellung entstehen, die Folgendes beinhaltet:

- **Firmenadressen, bei denen Sie sich vorstellen könnten zu arbeiten.**

- **Die dazugehörigen Telefonnummern und E-Mail-Adressen.**

Sie werden bei Ihrer Recherchearbeit auch auf Arbeitgeber stoßen, bei denen Sie sich im Vorfeld nicht sicher sind, ob diese für Sie als Arbeitgeber infrage kommen. Im Zweifelsfall nehmen Sie auch diese Wackelkandidaten in Ihre Liste mit auf. Sie haben nichts zu verlieren. Es besteht die Chance, dass ein unbekanntes Unternehmen sich im Nachhinein als ideal herausstellt. Später, in der sich anschließenden „Kontaktphase", werde ich Ihnen Kommunikationstechniken vorstellen, die nur Sekunden dauern. Falls sich eine herausgepickte Firma doch als uninteressant, unprofessionell oder gar inkompetent entpuppen sollte, werden Sie nicht viel Zeit verschwendet haben.

Es gibt viele Wege, Arbeitgeber aufzuspüren. Ich werde Ihnen im Folgenden die für Sie effektivsten Recherchevarianten vorstellen:

1. **Unpassende Stellenanzeigen**

2. **Alltagsbegegnungen**

3. **Messebesuche**

4. **Privates Umfeld**

5. **Internetrecherche**

6. **Externe Netzwerke**

Mit einem Mix dieser Recherchemöglichkeiten erzielen Sie die besten Ergebnisse. Welche Wege für Sie besonders zweckmäßig sind, wird von Ihrer Persönlichkeit, von Ihrem beruflichen Profil und Ihren spezifischen Rahmenbedingungen abhängen. Dennoch empfehle ich Ihnen, sich zunächst allen Punkten zu widmen. Erst, wenn Sie alle Varianten einige Male in der Praxis getestet haben, können Sie bewerten, welche die effektivsten für Ihre Situation sind.

Jeder Recherchevariante widme ich nun ein eigenes Unterkapitel. Ich starte mit der einfachsten aller Möglichkeiten.

3.1.1 Unpassende Stellenanzeigen

Obwohl ich in diesem Ratgeber nicht auf veröffentlichte Jobangebote eingehe, können Sie Stelleninserate dennoch gut für Ihre Zwecke einsetzen. Wenn Sie sich Anzeigen in Print- oder Onlinemedien im Ganzen anschauen, werden Sie schnell einige potenzielle Arbeitgeberadressen entdecken. Dabei können Ihnen die in den Inseraten angebotenen Stellen egal sein. Sie sind lediglich an den Kontaktdaten der Arbeitgeber interessiert. Eine Firma, die die Stelle eines Metallarbeiters öffentlich ausschreibt, kann gleichzeitig auch Vakanzen für Führungspositionen oder Sachbearbeiter bieten, nur eben unveröffentlicht, sozusagen „verdeckt".

Sie brauchen sich demnach nur die Frage zu stellen, ob ein inserierendes Unternehmen grundsätzlich für eine spätere Kontaktaufnahme Ihrerseits infrage kommen könnte.

> **Entnehmen Sie passende Arbeitgeberdaten aus nicht passenden Stellenanzeigen.**

Ideal ist es, wenn Sie jemanden kennen, der Zeitungen eine Weile aufbewahrt. So können Sie die Inserate vieler Ausgaben sichten. Die meisten Tageszeitungen veröffentlichen ihre Stellenangebote zudem auch online auf ihren Internetpräsenzen. Dort können Sie bequemer die entsprechenden Inserate entnehmen. Darüber hinaus sind auch branchenspezifische Fachzeitschriften durchzuarbeiten. Zusätzlich sollten Sie auch Onlinebörsen nutzen. Die beliebtesten sind derzeit:

- **Experteer.de**

- **FAZjob.de**

- **Gigajob.de**

- **Jobpilot.de**

- **Jobrapido.de**

- **Jobware.de**

- **Kalaydo.de**

- **Meinestadt.de**

- **Monster.de**

- **Stellenanzeigen.de**

- **StepStone.de**

Zusätzlich existieren natürlich noch eine Unmenge branchenspezifischer und regionaler Online-Jobbörsen. Welche davon für Sie zweckmäßig sind, hängt von Ihrer Arbeitgeberzielgruppe ab. Bei jeglicher Empfehlung für bestimmte Internetadressen besteht die Gefahr, dass sie im gleichen Moment, in dem sie genannt bzw. abgedruckt werden, bereits veraltet sind. Der bessere Weg ist, sich bei der „Bundesagentur für Arbeit" (Deutschland), den „Regionalen Arbeitsvermittlungszentren" (Schweiz) oder dem „Arbeitsmarktservice" (Österreich) aktuelle Aufstellungen geben zu lassen.

Die jeweiligen Jobbörsen haben in der Regel eine regionale Suchfunktion. Geben Sie einen Umkreis für die gewünschte Region ein, in der Sie eine Anstellung suchen. Alle anderen Eingrenzungen, wie beispielsweise Tätigkeit, Beschäftigungsart etc., führen dazu, dass Sie nicht alle möglichen, in Ihrer Region vorhandenen Arbeitgeber angezeigt bekommen. Wie gesagt: Bei Unternehmen, die beispielsweise einen Hausmeister suchen, können natürlich auch IT-Stellen, kaufmännische Positionen oder sonstige Tätigkeitsbereiche offen sein.

Im Übrigen werden Sie es bei dieser Recherchevariante mit Tausenden von Stellenanzeigen zu tun bekommen. Sie sollten alle durchklicken. Was mit einiger Routine weniger Zeit erfordert, als Sie derzeit vermuten.

Schauen Sie sich möglichst alle Inserate Ihrer Region an.

Das kostet Sie vielleicht einen Vormittag – dennoch lohnt es sich. Als Ergebnis dieser Recherchetechnik ist es durchaus möglich, 100 bis 200 interessante Unternehmen aufzuspüren. Erfahrungsgemäß werden Sie später schon bei diesen ermittelten Arbeitgebern die ersten Jobangebote akquirieren können. Dementsprechend ist es wichtig, sich diese Mühe zu machen, auch wirklich alle kurz anzuklicken, unabhängig davon, welche Stellen im Einzelnen angeboten werden.

Beispiel:

Herr D. war Kaufmann im Groß- und Außenhandel. Er hatte sich bisher nur einige wenige Male beworben, da er keine passenden Stellenangebote finden konnte. Herr D. war zwar flexibel und mobil, dennoch bevorzugte er eine bestimmte Region. Darüber hinaus stand er auch solchen kaufmännischen Positionen offen gegenüber, die nichts mit dem Thema Groß- und Außenhandel zu tun hatten. Seine Arbeitgeberzielgruppe war demnach nicht branchenbezogen.

Ich schlug ihm deshalb vor, zunächst in seiner bevorzugten Region mit der Recherche von potenziellen Arbeitgebern zu beginnen. Neben anderen Recherchevarianten wollte er sich nun veröffentlichte Stellenangebote der letzten Wochen ansehen. Wir beschlossen, mit zwei Tageszeitungen des gewünschten Ballungsraums zu starten. Auf den jeweiligen Onlineausgaben der Verlage konnten im Internet alle Anzeigen der letzten vier Wochen gesichtet werden. Insgesamt wurden mehr als 900 Inserate angezeigt. Er klickte sie alle durch. Bei zirka 80 Anzeigen erschienen die Unternehmen passend. Herr D. druckte diese aus oder speicherte sie entsprechend ab.

Dieter L. Schmich

> *Darüber hinaus sichtete Herr D. drei Internet-Jobbörsen. Er gab die entsprechende Postleitzahl ein und begrenzte seine Suche auf einen Umkreis von 25 Kilometern. Insgesamt ergaben sich mehr als 1.500 Suchtreffer. Ungefähr zwei Drittel davon waren von Personaldienstleistungsunternehmen veröffentlicht. Diese ließ er natürlich links liegen. Nach wenigen Stunden Recherchearbeit waren ungefähr 120 Unternehmen zusammengekommen. Herrn D. lagen insgesamt nun zirka 200 Arbeitgebernamen inklusive erster E-Mail-Adressen oder Telefonnummern vor.*

Erfahrungsgemäß fallen einige 45plus-Jobsuchende bei dieser Recherchevariante in Bewerbungstechniken vergangener Zeiten zurück und beginnen wieder, sich nur auf die angebotenen Positionen bei den entdeckten Stellenanzeigen zu konzentrieren. Sie hingegen sollten dies bitte nicht tun.

Sie suchen in dieser Phase ausschließlich nach Firmendaten.

Selbstverständlich werden Sie als Nebeneffekt dieser Recherchevariante auch Inserate entdecken, die zufällig auf Ihren Berufswunsch passen. Und natürlich lassen Sie keine Chance ungenutzt und bewerben sich dann dort auch. Dennoch sollten Sie sich meine Eingangsworte über den „Verdeckten Stellenmarkt" und Ihre jüngere Konkurrenz in Erinnerung rufen. Attraktive 45plus-Positionen werden Sie nur sehr schwierig ergattern können, wenn Sie sich wieder leichtfertig in den Wettbewerb mit Jüngeren begeben. Erinnern Sie sich immer wieder daran, dass Sie in erster Linie Insiderinformationen gewinnen möchten und nicht nach Stellenanzeigen suchen.

Sie müssen sich auch nicht großartig über die entdeckten Unternehmen schlau machen. Dafür haben Sie in dieser ersten Phase keine Zeit. Sie haben eine größtmögliche Menge von Anzeigen zu sichten. Die Mühe, sich umfangreicher über einen Arbeitgeber zu informieren, ist erst dann unbedingt vonnöten, wenn Sie von diesem später eine Zusage für Ihre Bewerbung erhalten. Jetzt, an dieser Stelle Ihrer Aktivitäten, machen Sie sich bitte über ungelegte Eier noch keinen Kopf. Sie müssen sich nur kurz überlegen, ob Tätigkeitsbereiche vorhanden sein könnten, die Ihrem Berufswunsch entsprechen – nichts weiter. Kommen wir nun zur zweiten Recherchevariante.

3.1.2 Alltagsbegegnungen

Wir werden im Alltag täglich mit Unternehmen, Institutionen und Behörden konfrontiert. Man vergisst aber leicht, dass diese zugleich auch Arbeitgeber sind. Sie hingegen sollten sich dieser Tatsache bewusst werden. Machen Sie sich über Ihren Alltag ein paar Gedanken und stellen sich folgende Fragen:

- **An welchen Arbeitgebern fahre ich täglich mit meinem Auto, Fahrrad oder mit Bus und Bahn vorbei?**

- **Welche Unternehmen gibt es in meinem Ort bzw. in meinem Stadtviertel?**

- **Wo bin ich selbst Kunde? Von welchen Unternehmen habe ich Rechnungen, Angebote oder sonstige Belege erhalten und abgelegt?**

- **Welche erscheinen auf Prospekten, Plakaten, Bekanntmachungen, Werbeanzeigen oder im Rahmen sonstiger Marketingauftritte?**

- **Welche Unternehmen fallen mir im Fernsehen und im Radio auf?**

Sicher besitzen Sie ein mobiles Telefon mit integrierter Fotofunktion. Falls Ihnen irgendwo etwas ins Auge fällt (z.B. ein Firmenschild oder ein Logo auf einem Plakat), machen Sie einfach ein Foto davon. Am Schreibtisch zu Hause angekommen, können Sie dann die fehlenden Telefonnummern oder E-Mail-Adressen im Internet nachrecherchieren.

Erfahren Sie im Alltag zufällig auf andere Weise von Arbeitgebern, können Sie ähnlich vorgehen. Tippen Sie den Namen einfach in Ihr Mobiltelefon oder notieren Sie sich die Daten auf einem Zettel. So können Sie Ihre Liste möglicher Arbeitgeber stetig erweitern.

Dieter L. Schmich

3.1.3 Messebesuche

Falls Sie für Ihren neuen Job eine klar definierte Branche anstreben, ist der Besuch von Messen sicher die beste Recherchevariante.

An einem einzigen Ort finden Sie die Mehrzahl aller maßgeblichen Unternehmen vor.

Visitenkarten, Imagebroschüren oder Geschäftsberichte können eingesammelt und Kontakte direkt geknüpft werden. Wichtige E-Mail-Adressen oder Telefonnummern sowie Namen von zuständigen Ansprechpartnern sind ebenso leicht ermittelbar. Ihnen werden nahezu ideale Bedingungen zur Arbeitgeberrecherche geboten.

Beispiel:

Frau F. war Leiterin eines Seniorenheims. Ihre Einrichtung wurde von einem großen Träger übernommen. Sie wurde Opfer von Rationalisierungsmaßnahmen. Ihr Job wurde jetzt von einer 25-Jährigen gemacht.

Auf meine Frage, ob Frau F. denn ihre Arbeitgeberzielgruppe kenne, stellte sich heraus, dass sie bisher nur mit einer Einrichtung Gespräche geführt hatte. Kurzerhand wurden die Begriffe MESSE, SENIOREN, BETREUTES WOHNEN, ALTENHEIME und Ähnliches in eine Internet-Suchmaschine eingegeben und wir hatten Glück. Eine 50plus-Messe stand an. Am Wochenende wurden auch Privatpersonen eingelassen.

Frau F. war es nicht gewohnt, fremde Menschen anzusprechen. Ich habe ihr deshalb empfohlen, sich nicht zu sehr zu Gesprächen zu zwingen. Vielmehr sollte sie auf der Messe Visitenkarten oder Broschüren von interessanten Arbeitgebern sammeln. Dafür studierten wir zwei bis drei simple Formulierungen ein.

Zwei Wochen später, zum zweiten Gespräch, erschien eine erleichterte Frau F. Sie erzählte, dass sie den ganzen Sonntag auf der Messe verbrachte. Und dies hatte ihr sogar viel Freude bereitet. Etwas mehr als 150 Firmen und gemeinnützige Einrichtungen hatten sich dort präsentiert. Davon erschienen 33 Aussteller interessant. Frau F. nahm sich entweder Infobroschüren mit oder fragte nach einer Visitenkarte. Dabei entwickelten sich, und zwar ohne ihr aktives Zutun, einige interessante Gespräche. Obwohl die Messe per se mit dem Thema Personalbeschaffung nichts zu tun hatte, wurde sie in acht Fällen ausdrücklich ermuntert, sich zu bewerben. Alle dafür notwendigen Namen der zuständigen Mitarbeiter sowie deren Kontaktdaten wurden ihr bereitwillig mitgeteilt.

In einem Fall landete Frau F. sogar einen Volltreffer: Ein Entscheidungsträger war zufällig anwesend, als sie sich am Messestand informieren wollte. Sie wurde zu einem Kaffee eingeladen und man unterhielt sich einige Minuten. Am Ende des Gesprächs hatte Frau F. die Einladung für ein Vorstellungsgespräch in der Tasche.

In der Summe hatte sie durch einen einzigen Messebesuch 33 hochinteressante Arbeitgeber kennengelernt. Zudem lagen ihr Informationen vor, welche Kontaktdaten und Ansprechpartner maßgeblich sind. In vielen Fällen gab man ihr sogar Auskunft über interne Abläufe und Anforderungen. Manchmal erhielt sie sogar wertvolle Tipps, welche weiteren Vorgehensweisen bei der jeweiligen Einrichtung am erfolgversprechendsten sind, also eine ganze Menge von Insiderinformationen.

Falls bei Messen keine Privatpersonen zugelassen sind oder gerade keine passenden Veranstaltungen stattfinden, können Sie zumindest versuchen, Ausstellerlisten im Internet zu recherchieren.

3.1.4 Privates Umfeld

Eine weitere Ideenquelle für mögliche Arbeitgeber liegt in Ihrem Umfeld. Ich mache aber regelmäßig die Erfahrung, dass viele dieses äußerst wertvolle Potenzial völlig außer Acht lassen, um von Firmen zu erfahren.

Vielleicht liegt das daran, dass früher der Status „auf Jobsuche zu sein" für den Betroffenen etwas Peinliches hatte. Vielleicht möchten deshalb viele nicht über ihre Situation der Arbeitssuche sprechen.

Diese Einstellung ist jedoch nicht mehr zeitgemäß. Aufgrund des dynamischeren Arbeitsmarkts ist heute nahezu jeder Arbeitnehmer mit diesem Thema mehr oder weniger konfrontiert. Jobwechsel oder Arbeitslosigkeit gehören heute alle paar Jahre zur Realität eines jeden Arbeitnehmers. Prüfen Sie bitte, ob Sie aus Scham oder sonstigen Gründen Ihre Suche nach einem neuen Arbeitsplatz verheimlichen:

Informieren Sie Ihr Umfeld über Ihre Jobsuche.

Und bitten Sie Ihre Bekannten und Freunde darum, sich zu melden, falls sie von interessanten Arbeitgebern oder freien Stellen erfahren. Hängen Sie Ihren Berufswunsch an die große Glocke: Allein durch die Initiative, Ihr Umfeld kurz in Kenntnis zu setzen, dass Sie gerade auf der Suche sind, wird sich erfahrungsgemäß schon die eine oder andere interessante Gelegenheit ergeben. Immer wieder gibt es Beispiele, in welchen der Bekanntenkreis sogar als eine Art ‚Jobvermittler' fungiert.

Nur wenn Sie permanent kommunizieren, bewahren Sie sich die Chance, wertvolle Informationen über mögliche Arbeitgeber zu gewinnen. Insbesondere aufgrund Ihres Lebensalters kennen Sie sicher eine Vielzahl von Menschen. Manche sind Freunde, andere schätzen Sie als gute Bekannte und einige kennen Sie nur durch Smalltalks. Neben alledem stehen die vielen Begegnungen in der Vergangenheit. Oft hat man sich ohne besonderen Grund aus den Augen verloren. Solche Bekannte sollten Sie sich wieder ins Gedächtnis rufen. Vielleicht ist eine Person dabei, die Ihnen den entscheidenden Tipp geben kann.

Auf den folgenden Seiten gebe ich Ihnen nun Gelegenheit, sich an Ihr aktuelles sowie früheres privates Umfeld zu erinnern. Es folgen Assoziationslisten. Diese Tabellen dienen Ihrer Inspiration. Damit wird Ihnen wieder vieles einfallen. Falls Sie von einigen Bekannten keine Kontaktdaten mehr haben, gibt es zusätzlich die Möglichkeit einzutragen, wen Sie danach fragen könnten.

Sie werden überrascht sein, wie viele mögliche Arbeitgeber Ihnen einfallen, wenn Sie über andere nachdenken. Sie werden sich nämlich automatisch fragen, wer wo, wann was gearbeitet hat bzw. welche Arbeitgeber auch für Sie interessant sein könnten.

Gehen Sie jetzt in aller Ruhe die folgende Übung Punkt für Punkt durch:

	Namen	Telefon-Nummer oder E-Mail-Adresse	Personen, die ich danach fragen könnte
Aktuelle Freunde und Verwandte?			
Weiterer Bekanntenkreis?			
Schulkameraden?			

Dieter L. Schmich

	Namen	Telefon-Nummer oder E-Mail-Adresse	Personen, die ich danach fragen könnte
Dozenten von Fort- und Weiterbildungen?			
Frühere Spielkameraden?			
Frühere Arbeitskollegen/innen?			
Frühere Vorgesetzte oder Chefs?			

	Namen	Telefon-Nummer oder E-Mail-Adresse	Personen, die ich danach fragen könnte
Kollegen und Vorgesetzte bei Neben- oder Zweitjobs?			
Mitbewohner/innen oder Nachbarn im Haus?			
Nachbarn in der Straße?			
Vereinsleben?			

Dieter L. Schmich

	Namen	Telefon-Nummer oder E-Mail-Adresse	Personen, die ich danach fragen könnte
Sonstige Gruppen, in denen ich aktiv war?			
Mitreisende oder Bekanntschaften im Urlaub?			
Umfeld des Partners bzw. früherer Partnerschaften?			
Personen in Fotoalben oder Bilddateien?			

Namen	Telefon-Nummer oder E-Mail-Adresse	Personen, die ich danach fragen könnte

Sonstige Ideen?

Haben Sie sich dann alle Namen notiert, die Ihnen eingefallen sind, können Sie sich zwei Fragen stellen:

- **Wer arbeitet wo?**

- **Sind Firmen dabei, bei denen ich mich gerne bewerben würde?**

Bei vielen Personen wird Ihnen sicher bekannt sein, wo sie arbeiten. Bei anderen wiederum nicht. Dies ist dann ein guter Anlass, mal wieder etwas von sich hören zu lassen. So können Sie sich erkundigen, was der eine oder andere beruflich macht. Oder wie die letzten Jahre ganz allgemein gelaufen sind. Wie es mit der Liebe und dem Leben steht. Vielleicht möchten Sie aber auch nur kurz und sachlich über Ihren Status als Jobsuchende/r informieren. Es gibt zahlreiche Gründe, sich mal wieder zu melden. Aufgrund Ihrer Lebenserfahrung werden Ihnen bestimmt genügend Anlässe einfallen.

Im Übrigen werde ich Ihnen später, speziell zu diesen privaten Konstellationen, keine vorgefertigten Gesprächsleitfäden zur Kontaktaufnahme liefern. Dies hat seinen Grund: Der Einsatz Ihres natürlichen Sprachgebrauchs ist in Ihrem Umfeld am erfolgreichsten.

> **Bleiben Sie natürlich und erinnern Sie sich, dass es auch Spaß machen kann, wieder etwas von sich hören zu lassen.**

Ebenso müssen Sie Ihre bisherigen Kommunikationskanäle nicht ändern. Das heißt, sind Sie jemand, der am liebsten telefoniert, dann bleiben Sie dabei. Falls Sie in der Regel lieber E-Mails versenden,

Dieter L. Schmich

sollten Sie dies auch weiterhin so machen. Sind Sie eher ein Online-Community-Typ, dann kommunizieren Sie weiter über Ihr Internet-netzwerk. Es ist nicht wichtig, wie Sie Kontakt aufnehmen oder welche Worte Sie finden, um andere über Ihre Jobsuche zu informieren bzw. um herauszubekommen, wer wo arbeitet. Wichtig ist nur, dass Sie es überhaupt tun.

Beispiel:

Herr G. war Verkaufsleiter bei einem Großhandel für Eisenwaren. Er verlor seinen Job, weil sein Arbeitgeber Insolvenz anmeldete. Er war nun Teilnehmer einer Trainingsmßnahme, die ich durchzuführen hatte. In der Hauptsache betreute ich dabei 45plus-Bewerber.

Die Übung mit der Assoziationsliste stand an. Herr G. sammelte 250 Namen. Er war darüber sehr überrascht, da er immer der Meinung war, er würde niemanden kennen. Ihm fiel auf, dass er über eine enorme Menge früherer Arbeitskollegen verfügte. Er nahm sich für den Abend vor, sich bei diesen telefonisch zu melden, um alle über seine Jobsuche zu informieren. Zudem war er ein wenig neugierig geworden, was wohl aus dem einen oder anderen geworden war.

Am nächsten Seminartag erschien ein fröhlicher Herr G. Er berichtete, dass er bis in die Nacht hinein telefoniert hatte. Es hatte ihm viel Spaß gemacht und zudem sei es sehr überraschend gewesen, dass sich manche in einer ähnlichen Situation befanden wie er zurzeit. Darüber hinaus war er sehr gerührt, dass sich nahezu alle ehemaligen Arbeitskollegen sehr gefreut hätten, mal wieder etwas von ihm zu hören. In der Summe brachte ihm der Abend fünfzehn neue Ideen für mögliche Arbeitgeber.

Mit einem Telefonat jedoch landetet Herr G. einen Volltreffer: Als er seinen ehemaligen Teamleiter, noch aus seiner allerersten Anstellung nach seinem Studium, anrief, stellte sich heraus, dass jener Mann mittlerweile Geschäftsführer eines mittelständischen Unternehmens war. Dieser suchte nämlich gerade einen neuen Vertriebschef, weil sein bisheriger Mitarbeiter von der Konkurrenz abgeworben worden war. „Das ist doch kein Zufall", meinte sein ehemaliger Vorgesetzter. Herr G. solle unbedingt noch diese Woche auf einen Kaffee vorbei-

kommen, um sich mal wieder zu sehen und sich grundsätzlich austauschen zu können. Vielleicht würde sich ja etwas ergeben.

Drei Wochen später unterschrieb Herr G. seinen Arbeitsvertrag.

Es wäre nicht das erste Mal, dass sich bei dieser Variante der Recherchearbeit etwas ergibt, von dem Sie nicht zu träumen wagten.

Geben Sie auch Zufällen und Überraschungen eine Chance.

Zumindest werden Sie eine Vielzahl neuer Ideen für infrage kommende Unternehmen generieren. So wird Ihre Aufstellung über Ihre Arbeitgeberzielgruppe größer und größer.

3.1.5 Internetrecherche

Geht es um die Recherchearbeit, kommt dem Internet maßgebliche Bedeutung zu. Es ist eine beinahe unbegrenzte Fundgrube, um potenzielle Arbeitgeber zu entdecken.

So umfangreich das World Wide Web ist, so dynamisch ist es aber leider auch. Täglich entstehen neue Internetseiten. Ebenso verschwinden viele Präsenzen. Zudem werden die Seiten permanent modifiziert und neu verlinkt. Die beste Möglichkeit, aktuelle Daten zu generieren und sich einen Überblick in diesem Dschungel von Informationen zu verschaffen, ist der geübte Umgang mit Suchmaschinen. Die wichtigsten Internetsuchmaschinen sind die folgenden drei Anbieter:

- **Google**
- **Yahoo**
- **Bing**

Im Übrigen übernehmen alle anderen Suchmaschinen zu 90 Prozent die Ergebnisse der drei großen Marktführer. Demnach können Sie unbesorgt eine der oben genannten Adressen verwenden.

Die althergebrachte Redewendung „Der Weg ist das Ziel" findet hier ihren aktuellen Bezug. Probieren Sie alle möglichen Suchbegriffe aus, um die für Sie geeigneten Unternehmen finden zu können. Das Ganze ist nichts anderes als eine Frage Ihrer Kreativität. Entdecken Sie Ihren Spaß an ein bisschen Detektivarbeit. Surfen Sie im Internet und lassen Sie sich von den Suchergebnissen überraschen. Wenn Sie täglich online recherchieren, werden Sie in diesem Metier schneller routiniert sein, als Sie denken.

Auch ganze Branchen- oder sonstige Arbeitgeberlisten können online gefunden werden. So sind beispielsweise Unternehmensverzeichnisse oft auf den Internetseiten der Städte und Gemeinden zu finden (meist unter dem Button „Wirtschaft", „Gewerbe", „Unternehmen" oder Ähnlichem versteckt). Falls regional begrenzt gesucht wird, können Firmen dort sehr einfach recherchiert werden. Oft gibt es gleich die passenden Telefonnummern, Homepage- und E-Mail-Adressen dazu. Die Betreiber dieser städtischen Internetpräsenzen haben es oft geschafft, zumindest einen komfortablen Prozentsatz aller ansässigen Arbeitgeber dort zu listen.

Darüber hinaus können Sie Branchenbücher direkt anklicken. Falls Sie Unternehmen suchen, die Endkunden als Zielgruppe haben, sind die „Gelben Seiten" noch immer eine gute Fundgrube.

Ebenso ist es möglich, unter www.google.maps.de Branchen einzutippen (z.B. METALLBEARBEITUNG, „PLZ" und das Wort „Deutschland"). Dann werden Ihnen viele Firmen in der gewünschten Region angezeigt.

Es gibt unzählige Einsatzmöglichkeiten für Internetsuchmaschinen: Manchmal liegt Ihnen lediglich der Name eines Unternehmens vor. In diesem Fall können Sie die notwendigen Daten wie Firmierung, Telefonnummer oder E-Mail-Adresse online schnell recherchieren. Auf der Internetpräsenz des Unternehmens können Sie dann nach den fehlenden Kontaktdaten oder einfach nur nach dem „Impressum" suchen.

3.1.6 Externe Netzwerke

Darunter fallen Beziehungsgeflechte wie beispielsweise Vereine, Businessclubs, Interessensgemeinschaften und sonstige bereits etablierte Zirkel. Allerdings weisen solche gesellschaftlichen Strukturen eher einen geschlossenen Charakter auf.

Zumindest in unserem Kulturkreis erfordert das Vorankommen in solchen Netzwerken unter Umständen viel Zeit und Engagement. Man hat sich zu etablieren. Darüber hinaus sind solche Gruppen auch nicht jedermanns Sache. Unerheblich davon, ob Sie daran Gefallen finden oder nicht, gilt eine Grundregel:

> **Je niveauvoller und hochwertiger ein externes Netzwerk ist,
> desto schwieriger ist der Zugang.**

Im Umkehrschluss bedeutet das: Je einfacher Sie als Außenstehender zu bestimmten Gruppen Zugang finden, umso höher ist die Wahrscheinlichkeit, dass Sie dort auf Menschen treffen, die Ihnen zumindest bei Ihrem beruflichen Vorankommen nur wenig weiterhelfen können.

Bei niveauvollen Netzwerken sind Sie hingegen darauf angewiesen, für den Zugang empfohlen zu werden. Liegen Referenzen vor und ist der Eintritt geschafft, ist Zurückhaltung angebracht. Wer denkt, man könne dort im Handumdrehen (wie oft versprochen) funktionierende Kontakte aufbauen, wird schnell enttäuscht sein. Neulinge werden meist mit Argusaugen beobachtet. Vertrauen ist zunächst aufzubauen und erste Bekanntschaften müssen bedächtig angegangen werden.

Dies alles benötigt jedoch viel Zeit und Einsatzbereitschaft. Falls Sie daran Spaß finden oder langfristig angelegte Karrierepläne schmieden, können Sie sich das Ganze natürlich gönnen. Jetzt allerdings benötigen Sie schnelle Ergebnisse. Falls Sie nicht schon in Clubs, Vereinen, Verbänden oder ähnlichen Gruppierungen aktiv sind, brauchen Sie, zumindest speziell für Ihre jetzt anstehende Bewerbungsphase, diesen ganzen Aufwand nicht zu betreiben. Die in diesem Buch vorgestellten übrigen Recherchetechniken sind ausreichend, um genügend „Verdeckte Stellen" aufzuspüren.

Jedoch gibt es einige externe Netzwerke, die in Ihrer Phase der Jobsuche nicht uninteressant sind. Es geht hierbei um die zahlreichen Onlinecommunities, die sich im Internet etabliert haben. Zwar haben diese das Manko, dass der persönliche und emotionale Bezug fehlt, dennoch bieten diese Internetnetzwerke für Ihre Zwecke einige Vorteile. Sie sind zum Recherchieren von Personen und Arbeitgebern wunderbar geeignet.

Wird Ihnen irgendwo ein Name als Ansprechpartner genannt, können Sie diesen schnell einmal eintippen und sich von den Suchtreffern überraschen lassen. Demnach ist es durchaus sinnvoll, zumindest bei einem Businessnetzwerk Mitglied zu sein. So haben Sie die notwendige Berechtigung, auf andere Onlineprofile zuzugreifen. Dagegen ist eine allgemeine Community wie z.b. Facebook für Sie eher ungeeignet. Erstens ist Facebook zumindest in anspruchsvollen Kreisen nicht sonderlich angesehen, zweitens wird dort eher ein privater Austausch gepflegt.

Zurück zu den Businessnetzwerken: Die beiden derzeitigen Marktführer, die für den beruflichen Bereich geeignet sind, heißen:

- **LinkedIn (weltweiter Marktführer, Schwerpunkt: USA und International)**

- **XING: (deutscher Marktführer, Schwerpunkt: D, CH und A)**

Haben Sie sich bei einem der beiden Anbieter angemeldet und Ihr Profil angelegt, können Sie darüber hinaus selbst kontaktiert werden. Es könnte durchaus sein, dass jemand Sie erreichen möchte und Ihre Daten gerade nicht parat hat. So sind Sie online schnell zu finden. Zudem kann man Ihnen bequem eine Nachricht zukommen lassen.

Auch im Umkehrschluss kann dies angenehm sein. Falls Ihnen einmal von einem namentlich bekannten Ansprechpartner die direkte E-Mail-Adresse oder die Telefondurchwahl nicht vorliegen sollte, können Sie ihn trotzdem durch die in diesen Netzwerken vorhandene Nachrichtenfunktion auf simple Art und Weise erreichen.

Obwohl Onlinenetzwerke umstritten sind, ist es heute zumindest für Arbeitnehmer dennoch eine Selbstverständlichkeit, bei einem Businessnetzwerk dabei zu sein. Sie müssen lediglich eine gewisse Vorsicht walten lassen: Erstens bezweifle ich, dass die gesetzlichen Datenschutzbestimmungen bei den jeweiligen Anbietern immer eingehalten werden und zweitens sind einmal ins Internet eingestellte Daten grundsätzlich nicht mehr restlos löschbar. Das alles ist nicht weiter dramatisch, wenn Sie darauf achten, keine sensiblen Daten hochzuladen.

> **Internetdaten sind wie Tätowierungen. Hat man sich einmal dafür entschieden, ist dies nicht mehr umkehrbar.**

Selbst dann, wenn ein Betreiber bereit ist, Ihre eingestellten Angaben wieder zu löschen, so müssen Sie doch davon ausgehen, dass Ihre gesamten Daten zwischenzeitlich längst von anderen Onlinedienstleistern weiterverarbeitet wurden. Grundsätzlich empfehle ich Ihnen:

- **Sie können unbesorgt Ihren Berufswunsch ins Netz stellen.**
- **Einige ausgewählte Teile Ihres Lebenslaufs sowie ein Foto ebenso.**

Diese Angaben lassen sich im Übrigen beim deutschen Marktführer XING sehr professionell veröffentlichen (eine Jobbörse gibt es dort im Übrigen auch). Zudem rate ich Ihnen, eher die Unterpunkte von einzelnen Lebenslaufstationen, also Ihre Berufserfahrungen aufzuzählen, anstatt konkreter Namen Ihrer bisherigen Arbeitgeber. Im Falle Ihres Profilfotos lege ich Ihnen ans Herz, sich auf eine einzige Aufnahme zu beschränken.

> **Ernennen Sie Ihr Bewerbungsfoto zu Ihrem offiziellen PR-Bild.**

Dabei bleiben Sie dann auch. So stellen Sie sicher, dass nur ein einziges Foto von Ihnen im Netz kursiert. Das ist wenig problematisch, da

Sie Ihr Bewerbungsfoto im Rahmen Ihrer Bewerbungsaktivitäten sowieso permanent an wildfremde Menschen übermitteln (bzw. übermittelt haben). Damit haben Sie es wahrscheinlich schon weltweit veröffentlicht. Diese Aufnahme bzw. Daten müssen Sie also nicht mehr schützen.

Zurück zur Recherche von Arbeitgeberdaten: Falls Sie schon jetzt ein engagiertes Mitglied eines Businessnetzwerks sind, können Sie durchaus einmal Ihre Kontakte durchklicken und sich die bereits bekannten Fragen stellen:

- **Wer arbeitet wo?**

- **Wer kann mir unternehmensinterne Ansprechpartner, Telefonnummern oder E-Mail-Adressen besorgen?**

Dafür ist selbst Facebook geeignet. Falls Sie dort engagiert sind, können Sie Ihre „Freunde" anschauen und sich dieselben Fragen stellen.

Sie sehen, es geht bei der Recherchearbeit immer wieder um das gleiche Prinzip: Welche Arbeitgeber gibt es? Sind diese für mich interessant? Und wenn ja, wie komme ich an erste Kontaktdaten heran, um mich später über freie Stellen informieren zu können?

3.1.7 Zusammenfassung

In letzter Konsequenz haben Sie in dieser ersten Phase der „Jobakquisition" nichts anderes zu tun, als infrage kommende Firmen zu sammeln. Zum Schluss verfügen Sie über Folgendes:

- **Eine Liste infrage kommender Arbeitgeber.**

- **Deren allgemeingültige E-Mail-Adressen oder Telefonnummern.**

Durch die Vielzahl der hier vorgestellten Recherchevarianten werden Sie bemerken, dass schnell eine sehr große Menge potenzieller Unternehmen, Behörden oder Institutionen zusammenkommt. Diese Größenordnung ist gewünscht. Selbstverständlich ist diese Anzahl auch von Ihrer Branche, Ihrem gewünschten Tätigkeitsbereich, Ihrer Anspruchshaltung sowie von der gewünschten Region, in der Sie arbeiten möchten, abhängig. Dennoch rate ich Ihnen:

Es wäre ideal, wenn sich bei Ihrer Recherchearbeit eine Anzahl von 200-300 Arbeitgebern ergeben würde.

Falls Sie jedoch nur einen kleinen Bruchteil dieses Rechercheziels erreichen, weil ganz einfach nicht genügend passende Arbeitgeber für Ihren Berufswunsch existieren, sollten Sie Ihre Vorstellungen kurz auf den Prüfstand stellen. Vielleicht ist es möglich, Ihre Tätigkeitsbandbreite oder den Radius der gewünschten Region zu erweitern. So gewährleisten Sie, dass die Gesamtmenge potenziell infrage kommender Unternehmen nicht zu gering ausfällt. Je weniger Firmen Ihnen zur Verfügung stehen, desto schlechter ist Ihre Ausgangsposition. Im Umkehrschluss heißt das: Je größer die Auswahl möglicher Arbeitgeber ist, umso höher ist auch die Wahrscheinlichkeit, einen beruflichen Volltreffer zu landen. Umso machtvoller ist Ihre Stellung gegenüber dem gesamten Arbeitsmarkt.

Zum Schluss möchte ich noch erwähnen, dass Ihnen schon in dieser ersten Phase Ihrer Jobsuche einige zuständige, wichtige Ansprechpartner bekannt sein werden. Dies ist zwar ideal, allerdings nicht unbedingt erforderlich. Die für Sie zuständigen Mitarbeiter oder Entscheidungsträger werden in der jetzt anstehenden zweiten Phase sowieso ermittelt.

3.2 Kontaktphase

In diesem zweiten Schritt Ihrer „Jobakquisition", der Kontaktphase, beginnt die Fahndung nach offenen Stellen. Sie steigen nun konkret in den „Verdeckten Stellenmarkt" ein. Darüber hinaus bietet dieser Zwischenschritt besonders für Ihr Lebensalter einen Zusatznutzen. Jetzt können Sie nämlich einen Ihrer 45plus-Trümpfe besonders elegant ausspielen. Durch den direkten Kontakt zu Arbeitgebern kommt Ihre Persönlichkeit mehr zum Tragen. Sicher bieten Sie dahingehend mehr als jeder 20-30plus-Bewerber. Alles in allem üben Sie sich aber weiterhin in Geduld und halten Ihren Wunsch zurück, sich endlich bewerben zu wollen. Dies machen Sie erst dann, wenn Sie dafür ‚grünes Licht' bekommen.

Weil die meisten Arbeitssuchenden die direkte Kontaktaufnahme scheuen, werden Bewerbungsdokumente in der Regel schon auf den Weg gebracht, obwohl es dafür noch gar keinen Anlass gibt. Natürlich ist es sehr verführerisch, ohne die Beschaffung grundsätzlicher Informationen Unterlagen zu versenden. Das ist nicht nur bequem, man kann sich zudem einreden, aktiv gewesen zu sein und etwas für die Suche nach dem neuen beruflichen Glück getan zu haben. Die Bewerbung wird dann an eine ominöse „Personalabteilung" adressiert (obwohl die wenigsten Abteilungen heute noch so bezeichnet werden) und das Anschreiben wird mit einem unpersönlichen „Sehr geehrte Damen und Herren" eröffnet. Man hofft, dass sich schon irgendjemand damit befassen wird. Solche ‚Bewerber' verfolgen damit die gleiche Strategie wie Hunderte andere Jobsuchende auch. Man weigert sich, den Gedanken aufkommen zu lassen, dass der betreffende Arbeitgeber mit der Bearbeitung eingehender Bewerbungsunterlagen vielleicht überhaupt nicht mehr nachkommt. Oder im Extremfall schon längst damit aufgehört hat, sich mit pauschal versandten Initiativbewerbungen näher zu befassen.

Erstaunlicherweise trifft man immer wieder auf Jobsuchende, die eine solche nostalgische Strategie verfolgen und sich zugleich über mangelndes Feedback wundern oder sich sogar bitterböse beschweren, dass sie ihre Mappen nicht mehr zurückerhalten. Obwohl niemand sie im Vorfeld darum gebeten hat, sich zu bewerben, erwarten diese Kandidaten dennoch maximales Engagement von der Arbeitgeberseite. Nach dem Motto: „Ich selbst mache mir vorab keine Mühe herauszufinden, ob eine Bewerbung erwünscht und damit zielführend ist. Ich gehe nicht das Risiko einer Ablehnung bei einer Kontaktaufnahme ein. Ich versende viel lieber bequem, planlos und aufs Geratewohl meine Unterlagen. Lieber soll sich das Unternehmen den Kopf zerbrechen, ob es etwas Passendes für mich hat oder nicht."

Zudem gibt es 45plus-Bewerber, die sich öffentlich damit brüsten, sich Dutzende (manchmal auch Hunderte) Male beworben zu haben, aber niemals würde sich etwas ergeben. Bestimmt wäre ihr Geburtsdatum der Grund. Ältere Bewerber sind einfach benachteiligt und chancenlos auf dem Arbeitsmarkt, hört man dann. An ihnen läge es nicht, so rechtfertigen sie sich, schließlich hätten sie genug Engagement gezeigt. Diesen Leuten kommt nicht in den Sinn, dass es an ihrer bequemen Vorgehensweise liegt und nicht an ihrem Lebensalter. Werden solche Fälle genauer analysiert, offenbart sich meist, dass sich die Betroffenen eher auf das Eintüten von Bewerbungsunterlagen spezialisiert haben: Das effektive Bewerben auf konkrete offene Stellen, die zudem für den 45plus-Lebensabschnitt geeignet sind, funktioniert definitiv anders. Sie hingegen können ab sofort cleverer agieren:

Legen Sie zunächst eine Phase der Kontaktaufnahme ein, bevor Sie überhaupt an das Bewerben denken.

So unterliegen Sie nicht der Selbsttäuschung, aktiv gewesen zu sein. Sie stellen ab sofort selbst sicher, dass Ihre Dokumente Beachtung finden. Zudem schieben Sie mehr Ihre Persönlichkeit in den Vordergrund, um zusätzlich von der Wirkung Ihrer Lebenserfahrung zu profitieren.

Sie sollten es ablehnen, das ‚Prinzip Hoffnung' zu verfolgen. Überprüfen Sie im Vorfeld, ob Ihr Engagement erwünscht ist und holen Sie sich zuerst einmal nur das Okay für Ihre Bewerbung ein. Bekommen Sie zudem den zuständigen Ansprechpartner genannt, erhöhen Sie die Wahrscheinlichkeit exorbitant, dass Ihre Unterlagen nicht irgendwo im Unternehmen verloren gehen bzw. unberücksich-

Dieter L. Schmich

tigt bleiben. Zusätzlich erhalten Sie Insiderinformationen, ob und wann offene Stellen zu besetzen sind. Schließlich ist dies das Ziel der zweiten Phase Ihrer „Jobakquisition".

Selbstverständlich muss ich auch einräumen, dass die Kontaktaufnahme nicht in allen Fällen gelingt. Darüber hinaus müssen Sie damit rechnen, auch an überlastetes Personal zu geraten. Ist die direkte Kommunikation mit zuständigen Mitarbeitern nicht möglich, bleibt Ihnen leider nichts anderes übrig, als sich ausnahmsweise in den Wettbewerb mit Ihrer jüngeren Konkurrenz zu stürzen. Dennoch sollten Sie grundsätzlich versuchen, diese unvorteilhafte Ausgangssituation zu verhindern. Im Übrigen ist das in mehr Fällen möglich, als Sie vielleicht denken.

Wenn Sie mit den recherchierten Arbeitgebern Kontakt aufnehmen, haben Sie also grundsätzlich nur zwei Fragen zu stellen:

- **Sind derzeit Stellen vakant?**

- **Welche Ansprechpartner sind zuständig?**

Da Ihnen wahrscheinlich eine große Menge recherchierter Arbeitgeber vorliegt, haben Sie keine Zeit, überall großartigen Aufwand zu betreiben. Erst dann, wenn Sie eine freie Stelle entdeckt haben, gibt es einen Anlass, sich konzentriert, zeitaufwendig und professionell zu bewerben. Soweit sind Sie jedoch an dieser Stelle noch nicht. Jetzt gilt es zunächst, so effektiv wie möglich zu sein. Einfache und schnelle Kontakttechniken sind deshalb gefragt. Nur auf diese Weise können Sie es schaffen, zahlreiche Arbeitgeber auf offene Positionen ‚abzuklopfen'.

Um die erwähnten Insiderinformationen zu beschaffen, sind grundsätzlich drei Kommunikationskanäle möglich:

1. Telefon

2. E-Mail

3. Direktkontakt

Welcher Weg am zweckmäßigsten ist, hängt von Ihrer Branche, Ihrer angestrebten Tätigkeit und vor allem von Ihrem Naturell ab. Versuchen Sie dennoch, alle drei Kontaktvarianten anzuwenden. Dann werden Sie schnell herausfinden, welche Art und Weise speziell für Ihre Ausgangssituation am effektivsten ist.

Für alle drei Formen der Kontaktaufnahme werde ich Ihnen jetzt spezifische Vorgehensweisen vorschlagen. Über viele Jahre hinweg habe ich diese Kontakttechniken getestet – sie funktionieren! Daraus sind telefonische Mustergespräche, E-Mail-Texte und Gesprächsleitfäden entstanden. Ich starte mit der telefonischen Variante.

3.2.1 Telefon

Dieser Weg der Kontaktaufnahme ist besonders zu empfehlen, wenn Sie tagsüber nicht berufstätig sind oder grundsätzlich vor- oder nachmittags Zeit haben. Falls Sie derzeit ein bisschen außer Übung sind, empfehle ich für das Telefonieren Folgendes:

- **Setzen Sie sich eine Mindestanzahl von Telefonaten als Ziel. Sie werden erst nach fünf bis zehn Gesprächen sozusagen ‚warm'.**

- **Lächeln Sie beim Telefonieren. Das verändert Ihre Stimme positiv.**

- **Die meisten Menschen sind selbstsicherer, wenn sie während des Telefonats stehen, gehen und/oder geschäftsmäßig gekleidet sind.**

- **Rechnen Sie damit, dass sie auch auf Inkompetente, Wichtigtuer und Demotivierte treffen werden.**

Darüber hinaus werden Sie auch (gut gemeinte) Tipps zu hören bekommen, man könne beispielsweise ohne das Vorliegen von Bewerbungsunterlagen nichts sagen oder Sie werden von der Arbeitgeberseite über vermeintlich bessere Vorgehensweisen für die Kontaktaufnahme belehrt. Auch hier sollten Sie sich nicht verunsichern lassen, sondern vielmehr triumphierend genießen, dass sich schon in diesem Moment Ihr Gegenüber mit Ihnen auseinandersetzt, ohne sich dessen bewusst zu sein.

Dieter L. Schmich

Jetzt werden Sie vielleicht einwenden: „Ich soll da einfach so anrufen – störe ich denn da niemanden?" Ja, Sie sollen da einfach so anrufen, schließlich möchten Sie als 45plus-Jobsuchender noch einmal eine attraktive Stelle finden und sich nicht mit dem Rest abfinden, den jüngere Bewerber übriglassen:

Sie müssen bereit sein, auch ungewohnte Wege zu gehen.

Falls Sie es nicht sowieso gewohnt sind zu telefonieren, sollten Sie sich überwinden. Ich verspreche Ihnen, dass Sie schon nach wenigen Gesprächen Ihre Scheu verlieren. Bereits nach wenigen Wochen werden Sie erkannt haben, dass sich das Telefonieren mehr als gelohnt hat. Sie müssen sich lediglich einer einzigen Herausforderung stellen:

Sie werden viele vergebliche Anrufe zu akzeptieren haben.

Im Extremfall können bis zu 90 Prozent aller telefonischen Kurzanfragen erfolglos sein. Das heißt, Sie erreichen niemanden, erhalten keinen Namen Ihres direkten Ansprechpartners oder eine Bewerbung Ihrerseits ist nicht erwünscht. Aber lassen Sie sich nicht abschrecken, denn der Umkehrschluss gilt erfreulicherweise ebenso:

Bei zirka zehn Prozent aller Anrufe landen Sie einen Treffer.

Das heißt, Sie entdecken eine offene Stelle, erhalten die Zusage für eine Bewerbung oder erfahren den Namen Ihres Ansprechpartners.

Es ist die Sichtweise, die über Ihren Erfolg entscheidet: Nehmen Sie sich vor, zehn Anrufe in Folge zu tätigen, dann werden Sie mindestens einmal eine hochwertige Information erhalten. Das ist dann Ihr Treffer, den Sie gelandet haben. Es ist ausschließlich eine Frage der Quote. Akzeptieren Sie bitte diese Tatsache. Sie können aber auch das Pferd von hinten aufzäumen:

Sammeln Sie Nieten und machen Sie sich eine Strichliste.

Diese Aussage wird für Sie vielleicht ungewöhnlich klingen. Dennoch ist diese Einstellung beim Telefonieren durchaus zweckmäßig. Es nimmt Ihnen den Druck. Bei einer Erfolgsquote von zirka zehn Prozent Ihrer Anrufe, brauchen Sie also lediglich nur neun „Neins" zu sammeln und ich verspreche Ihnen, spätestens dann werden Sie wieder ein Erlebnis haben, was Sie in Ihrer Jobsuche deutlich weiterbringt. Wenn Sie zudem noch mit dem Finden einer „Verdeckten Stelle" oder einer einzigartigen Karrierechance belohnt werden, haben sich alle anderen bisherigen vergeblichen Anrufe schlagartig rentiert.

Im Übrigen werden Sie häufig mit untergeordneten Mitarbeitern Ihres eigentlichen Ansprechpartners telefonieren. Sie werden überrascht sein, wie oft man sich mit Ihnen solidarisch zeigt. In solchen Situationen sollten Sie besonders gut zuhören. Nicht selten gibt es wertvolle Tipps, sozusagen von Arbeitnehmer/in zu Arbeitnehmer/in. Sie erhalten dann einzigartige Auskünfte über geplante Einstellungen, betriebliche Abläufe oder sonstige interessante Interna („Von mir haben Sie es nicht gehört, aber ich weiß, dass ... "). Dies ist der gerechte Lohn für Ihre Bemühungen.

Leider stellen sich viele Bewerberinnen und Bewerber das Telefonieren schwieriger vor, als es tatsächlich ist. Selbst Profis, die es gewohnt sind, tagtäglich zu telefonieren, laufen immer wieder Gefahr, ihr Gegenüber mit zu viel Text zu überfordern. Aus diesem Grund gebe ich Ihnen jetzt einige Musterformulierungen vor, die über Jahre hinweg kontinuierlich von mir optimiert wurden.

Im Folgenden werde ich meinen Fokus nur auf den Gesprächsbeginn legen. Wurde das Telefonat erst einmal professionell gestartet, läuft alles Weitere wie von selbst. Zudem haben Sie aufgrund des Kapitels „Selbstmarketing" bis zu diesem Zeitpunkt Ihre 45plus-Vorzüge im Kopf und können deshalb locker darüber plaudern.

Bei den Mustergesprächen unterscheide ich drei Varianten. Dies ist notwendig, weil während der zuvor durchgeführten Recherchearbeit oft unterschiedliche Ausgangssituationen entstehen.

Situation 1: Ihnen liegt vom Arbeitgeber lediglich eine allgemeingültige Telefonnummer vor

Sie streben zwar in erster Linie lediglich die Nennung einer zuständigen Person und das Okay für Ihre Bewerbung an, allerdings ist es wichtig, gleich das gewünschte Einsatzgebiet mit anzugeben. In vielen Unternehmen gibt es dafür unterschiedliche Ansprechpartner. Nennen Sie von Anfang an gleich das gewünschte Berufsfeld, so weiß Ihr Gesprächspartner (oft die Telefonzentrale), an wen er Sie weiterverbinden kann. Sie können dabei einen klar definierten Berufsabschluss (z.B. Arzthelferin) oder eine ganze Tätigkeitsbandbreite (z.B. Führungsaufgabe im Bereich Rechnungswesen) nennen. Für welche Variante Sie sich entscheiden, bestimmt die Eindeutigkeit Ihrer Berufsbezeichnung und das gewünschte Aufgabengebiet. Demnach müssen Sie den nun folgenden Gesprächsleitfaden nur noch hinsichtlich Ihrer Ausgangssituation leicht modifizieren.

Es geht los – es meldet sich jemand:

> *„Schönen guten Tag, mein Name ist .... Ich möchte mich gerne als .... (alternativ: für den Bereich ....) bei Ihrem Unternehmen bewerben. Können Sie mich bitte weiter verbinden?"*

Wenn Sie dann verbunden sind, dasselbe noch einmal:

> *„Schönen guten Tag, mein Name ist .... Ich möchte mich gerne als .... (alternativ: für den Bereich ....) bei Ihnen bewerben. Wäre dies momentan sinnvoll?"*

Falls Sie ein „Ja" oder Ähnliches hören, geht es weiter:

> *„Sind Sie selbst mein direkter Ansprechpartner?"*

> *„Wünschen Sie meine Bewerbungsunterlagen per Post oder E-Mail?"*

> *„Wie ist bitte die korrekte Schreibweise Ihres Namens?"*

> *„Haben Sie bezüglich meiner Unterlagen besondere Wünsche?"*

Falls sich eine Plauderei entwickeln sollte, bieten sich weitere Fragen an:

„Ich stehe in meinem .... Lebensjahr. Denken Sie, dass ich dennoch aussichtsreiche Perspektiven in Ihrem Unternehmen habe?"

„Könnten Sie vielleicht noch die wichtigsten Anforderungen für die erwähnte freie Stelle nennen?"

„Gibt es neben meinem gewünschten Bereich noch weitere Stellen zu besetzen?"

„Welche spezifischen Kenntnisse und Fähigkeiten müsste ich Ihrer Meinung nach unbedingt mitbringen?"

„Haben Sie für mich noch einen grundsätzlichen Tipp?"

„Welche Tätigkeitsbereiche haben aus Ihrer Sicht die besten Karriereaussichten?"

„Herzlichen Dank für das informative (alternativ: angenehme) Gespräch. Ich wünsche Ihnen noch einen schönen Tag."

Falls Sie ein „Nein" hören oder zuvor nicht verbunden werden:

„Darf ich Ihnen noch eine letzte Frage stellen? Haben Sie vielleicht einen Tipp für mich, bei welchem weiteren Unternehmen ich noch anfragen könnte?"

„Wäre es eventuell sinnvoll, sich zu einem späteren Zeitpunkt wieder zu melden?"

Im Übrigen gibt es 45plus-Jobsuchende, die so selbstverständlich mit Ihrem Lebensalter umgehen, dass Sie recht schnell darauf zu sprechen kommen. Ich empfehle Ihnen, dies auch zu versuchen. Zumindest bei denjenigen Telefonaten, die sich zu einer Plauderei entwickeln.

Mit der Empfehlung, Ihr Geburtsdatum mutig zu thematisieren, habe ich in meinen Workshops sehr gute Erfahrungen machen können. Sicher werden Sie damit manchmal Ihre Quote zwischen der

Anzahl von Telefonaten und der Menge aller Zusagen für Ihre Bewerbung verschlechtern. Dennoch gibt es am anderen Ende der Leitung immer wieder Personen, die darauf besonders gut anspringen. Oft entwickeln sich solche Gespräche dann sehr erfolgreich. Zudem trennen Sie frühzeitig die Spreu vom Weizen. Sie stellen nämlich sicher, dass Sie sich nur bei solchen Arbeitgebern bewerben, bei denen Ihr Lebensalter nicht gleich ein Ausschlusskriterium bedeutet. Und wie gesagt, unterschätzen Sie die Solidarität von Mitarbeitern nicht. Auch Entscheidungsträger sind letztendlich Arbeitnehmer. Haben Sie zudem das Glück, mit einem Gleichaltrigen zu sprechen, ergibt sich sowieso ein positives Gespräch. Ich habe mehrmals erlebt, dass allein diese Konstellation ausreichte, um einen interessanten Job zu ergattern.

Wie gesagt, Sie sollten von dem Anspruch Abstand nehmen, mit allen Personen erfolgreich kommunizieren zu müssen. Dies ist nicht nur unrealistisch, sondern auch überhaupt nicht notwendig. Konzentrieren Sie sich eher auf Ihre Strichliste:

> **Bei einer Erfolgsquote von zirka zehn Prozent können Sie bei 200 Arbeitgebern etwa zwanzig ‚Treffer' landen.**

Es gibt Jobsuchende, die schon aus dem Häuschen sind, wenn Sie eine einzige „Verdeckte Stelle" finden, von der die Mehrzahl anderer Bewerberinnen und Bewerber nichts wissen. Sie werden ein Vielfaches davon erreichen. Und dies alles, weil Sie nur zwei Fragen stellen, die zudem nur Sekunden dauern. Gehen wir nun weiter zur nächstmöglichen Konstellation.

Situation 2: Ihnen wurde ein Ansprechpartner namentlich empfohlen

In diesem Fall haben Sie schon während Ihrer Recherchearbeit namentlich einen Ansprechpartner genannt bekommen. Beispielsweise durch einen Bekannten, durch einen Kontakt auf einer Messe oder durch eine sonstige Begebenheit. So kennen Sie den Mitarbeiter beim Namen, den Sie sprechen möchten. Zugleich können Sie sich auf eine Referenz beziehen, woher Sie diesen Namen haben.

Viele Jobsuchende versenden bereits jetzt ihre Bewerbungsunter-lagen. Sie hingegen sollten diesen Fehler nicht begehen. Sie müssen damit rechnen, dass sich der genannte Ansprechpartner zwischenzeit-lich geändert hat oder die Angaben fehlerhaft sind. Darüber hinaus liegen Ihnen auch hier noch keine Informationen aus erster Hand vor, ob und zu welchem Zeitpunkt eine Bewerbung sinnvoll ist.

Verzichten Sie bitte niemals darauf, zumindest zu versuchen, mit derjenigen Person ein paar Worte zu wechseln, die letztendlich Ihre Bewerbungsunterlagen erhält. Sie bewahren sich so nicht nur die Chance, entscheidende Informationen zu erhalten, sondern wecken zudem mehr Interesse auf der Gegenseite. Sie sind dann nicht mehr eine oder einer unter vielen Bewerbern. Des Weiteren können Sie später schon in der Betreffzeile Ihres Anschreibens (oder Ihrer E-Mail) auf ein geführtes Telefonat verweisen. Das fördert zusätzlich die Bereitschaft, sich mit Ihren im Anschluss übermittelten Bewerbungs-unterlagen näher zu beschäftigen.

Das Telefonat beginnt: Sie sind im Besitz eines Namens und können direkt Ihren Ansprechpartner verlangen:

> „Schönen guten Tag, mein Name ist .... Ich möchte bitte Frau Sabine Muster sprechen."

Es ist im Übrigen nicht erforderlich, einer Telefonzentrale oder ir-gendeinem zuarbeitenden Beschäftigten gleich auf die Nase zu bin-den, woher Sie den Namen haben. Falls dies doch von Interesse sein sollte, wird man sich schon melden. Speziell in diesem Fall bietet sich dann folgende Formulierung an:

> „Ich möchte mich gerne bei Ihrem Unternehmen bewerben. Frau Muster wurde mir von Herrn/Frau XY als meine zuständige Ansprechpartnerin genannt."

Wenn Sie endlich verbunden sind:

> *„Schönen guten Tag, Frau Muster, mein Name ist .... Schön, dass ich Sie gleich erreiche. Herr/Frau XY war so freundlich, mir Ihren Namen zu nennen. Ich würde mich sehr gerne bei Ihnen als .... (alternativ: für den Bereich ....) bewerben. Wäre dies momentan sinnvoll?"*

Alles Weitere wie Situation 1 ...

In dieser zweiten Ausgangssituation werden Sie eine deutlich höhere Erfolgsquote erzielen. Können Sie sich auf Dritte beziehen, ist man eher bereit, Ihnen wertvolle Auskünfte zu erteilen. Das erhöht die Effektivität Ihrer Kurzanfragen deutlich.

Situation 3: Sie haben den Namen des Ansprechpartners lediglich recherchiert

Sie haben bei der Recherche einen Namen im Internet, in einem „unpassenden Stelleninserat" oder anderswo entdeckt. Ihnen liegt zwar ein möglicher Ansprechpartner vor, konkrete Referenzen können Sie aber nicht angeben.

Auch hier gibt es keinen Anlass, auf eine Kurzanfrage zu verzichten. Die Zuständigkeit könnte sich zwischenzeitlich geändert haben oder recherchierte Daten fehlerhaft sein. Zudem liegt Ihnen auch hier keine Zusage aus erster Hand für Ihre Bewerbung vor. Das gilt ebenso für den richtigen Bewerbungszeitpunkt.

Sie haben nun eine allgemeingültige Nummer gewählt: Setzen Sie zunächst einfach voraus, dass der Name stimmt und fragen wieder selbstbewusst nach dem recherchierten Ansprechpartner:

> *„Schönen guten Tag, mein Name ist .... Ich möchte bitte Frau Sabine Muster sprechen."*

Falls nach dem Anlass gefragt wird:

> *„Ich möchte mich gerne bei Ihrem Unternehmen bewerben. Frau Muster müsste meine richtige Ansprechpartnerin sein."*

Wenn Sie dann verbunden sind:

> *„Schönen guten Tag, Frau Muster, mein Name ist .... Schön, dass ich Sie gleich erreiche. Ich würde mich sehr gerne bei Ihnen als ....*
> *(alternativ: für den Bereich ....) bewerben. Wäre dies momentan sinnvoll?"*

Auch in diesem Fall ist es nicht erforderlich, Ihrem Gegenüber mitzuteilen, woher Sie seinen Namen haben. Das würde den Text unnötig verlängern. Falls er sich doch dafür interessieren sollte, können Sie ihn immer noch aufklären, wo Sie seinen Namen entdeckt haben.

Alles Weitere wie Situation 1 ...

Falls Sie sich unsicher fühlen sollten, können Sie diese Seiten neben das Telefon legen und anfänglich davon ablesen. Ich versichere Ihnen, dies wird Ihrem Gesprächspartner nicht weiter auffallen. Alternativ können Sie auch Folgendes tun:

> **Erstellen Sie sich einen Spickzettel auf einem separaten Blatt und lesen Sie einfach davon ab.**

Schon nach wenigen Telefonaten werden Sie Ihren Spickzettel nicht mehr benötigen. Selbstverständlich können Sie auch die bisher vorgestellten Texte auf Ihren natürlichen Sprachgebrauch und Ihre spezifische Situation hin leicht modifizieren. Ich empfehle Ihnen jedoch, unbedingt darauf zu achten, die Einfachheit und Kürze beizubehalten.

Wahrscheinlich werden viele Leserinnen und Leser die vorgestellten Texte als zu wenig anspruchsvoll empfinden oder sogar als banal. Ich bin mir dessen bewusst. Insbesondere 45plus-Bewerber hegen als gestandene Persönlichkeiten oft den Wunsch, komplexer zu kommunizieren. Ich rate Ihnen aber davon ab! Unterschätzen Sie die Wirkung von einfachen Satzstrukturen nicht. Die Textvorlagen sind das Ergebnis jahrelanger Erfahrungen. Simple und fast trivial wirkende Sätze haben für den Gesprächseinstieg bisher die besten Erfolgsquoten erzielt.

Darüber hinaus haben Sie sicher bemerkt, dass immer wieder ähnliche Formulierungen verwendet werden. Die Texte unterscheiden sich nur unwesentlich. Diese Tatsache ist sehr wichtig für Sie. Es ist ein weiteres maßgebliches Kriterium für erfolgreiche Erstgespräche. Falls Sie sich daran halten, konsequent die gleichen Textmodule einzusetzen, werden Sie etwas sehr Erstaunliches erleben:

> **Wenn Sie immer die gleichen Formulierungen verwenden, werden Sie auch immer dieselben Gegenfragen hören.**

Sicher ist so mancher verwundert über diese Behauptung. Machen Sie selbst Ihre Erfahrung. Sie werden mir danach zustimmen, dass sich der Einfallsreichtum Ihrer Gesprächspartner bezüglich möglicher Reaktionen in einer übersichtlichen Bandbreite bewegt. Nach nur wenigen Tagen des Telefonierens werden Sie, trotz unterschiedlicher Personen, den Verlauf des Telefonats schon im Voraus erahnen können. Mögliche Argumente werden Sie dann aus dem Handgelenk schütteln. Eine deutliche Erhöhung Ihrer Souveränität und vor allem Ihrer Spontanität wird die Folge sein. So verbessert sich Ihre Erfolgsquote rasant.

Im Übrigen müssen Sie Ihre erhaltenen Informationen dokumentieren. Sie werden bemerken, dass Sie bereits nach wenigen Gesprächen Gefahr laufen, einige Auskünfte miteinander zu verwechseln. Schnell weiß man nicht mehr, welche Gesprächspartner was gesagt haben und mit wem man welche Vereinbarungen getroffen hat. Deshalb sehen Sie zum Schluss dieses Telefonkapitels noch eine Kopiervorlage, die Sie während Ihrer Gespräche einsetzen können (am besten auf eine A4-Seite vergrößern).

Telefonnotiz

Wiedervorlage am: .... Datum: ....

Firmenbezeichnung: ....

Abteilung: ....

Straße, PLZ, Ort: ....

Telefonnummer: ....

Gesprochen mit: Herr/Frau ....

Zuständiger Ansprechpartner: Herr/Frau ....

Telefondurchwahl: ....

Direkte E-Mail-Adresse: ....

Bewerbung per E-Mail oder Post? ....

Gesprächsinhalt:

....

....

....

....

....

....

....

....

Anforderungen/Beschreibung der zu besetzenden Position:

....

....

....

....

....

....

....

....

Dieter L. Schmich

3.2.2 E-Mail

Falls Sie nicht genügend Zeit zum Telefonieren haben, können Sie auch E-Mails einsetzen. Grundsätzlich müssen Sie bei E-Mails das gleiche Grundmuster wie beim Telefonieren anwenden. Es gilt jedoch, einer Versuchung zu widerstehen. E-Mails verleiten schnell dazu, zu viel zu schreiben. Manche verspüren sogar den Drang, sofort Bewerbungsunterlagen mit anzuhängen. Widerstehen Sie bitte dieser Versuchung.

Wie gesagt, Sie sind noch nicht in der „Bewerbungsphase". Zumindest für den ersten Kontakt rate ich Ihnen dringend, weiterhin bei der minimalistischen Vorgehensweise zu bleiben. Bedenken Sie, dass Sie aus der Sicht des Empfängers eine fremde Person sind. Die Beschäftigten, die Ihre Nachrichten lesen, haben nicht nur einen Arbeitsalltag zu meistern, sondern sie werden wahrscheinlich tagtäglich mit unzähligen E-Mails bombardiert. Sicher wird man nicht begeistert sein, zu lange Nachrichten von unbekannten Absendern sichten zu müssen.

Zudem liegen Ihnen aus der „Recherchephase" manchmal nur allgemeingültige „info@-Adressen" vor. Vielleicht haben Sie diese aus dem Impressum einer Homepage eines Unternehmens entnommen. Rechnen Sie damit, dass unter solchen E-Mail-Adressen täglich Hunderte (meist unnötige) Nachrichten eingehen. Machen Sie es den Mitarbeitern, die eine Masse von E-Mails abzuarbeiten haben, so einfach wie möglich.

> **Beschränken Sie sich beim Erstkontakt auf maximal zwei bis drei eindeutige Sätze.**

So stellen Sie sicher, dass Ihr Gegenüber innerhalb von Sekunden entscheiden kann, ob er Ihre Nachricht an den für Sie zuständigen Ansprechpartner weiterleiten oder Ihnen sofort dessen Namen nennen möchte. Dies sind schließlich Ihre wichtigsten Ziele beim ersten Kontakt.

Wenn Sie dann sicher sind, mit der richtigen Frau oder dem richtigen Mann zu kommunizieren, können Sie immer noch weiterführende Angaben machen oder eine komplexere Sprache verwenden.

> **Sie halten sich mit Ihrem Bewerbungswunsch solange zurück, bis Sie den Namen Ihres Ansprechpartners kennen.**

Erst dann gibt es einen Anlass, hochkonzentriert die „Bewerbungsphase" zu starten. Nichts ist so uneffektiv, wie mit den falschen Leuten zu sprechen (bzw. zu schreiben).

Grundsätzlich haben Sie natürlich auch bei Ihren Kurzanfragen per E-Mail eine bestimmte Quote zu akzeptieren:

> **Bei mindestens 5-10 Prozent aller Anfragen werden Sie Ihr gewünschtes Okay für eine Bewerbung erhalten.**

Im Übrigen stellen Dateianhänge von unbekannten Absendern ein Virenrisiko dar. Solche E-Mails werden von EDV-Systemen der Arbeitgeberseite manchmal blockiert bzw. gelöscht. Hängen Sie deshalb an Ihre erste E-Mail niemals eine Datei an. Zudem sollten Sie Folgendes beachten:

> **Aktivieren Sie bei Ihrer E-Mail die Funktion „Signatur".**

Durch den angehängten Absenderblock wirken Ihre Nachrichten nicht zu anonym.

Ich schlage Ihnen jetzt wieder einige konkrete Formulierungen für Ihre Erstanfragen vor. Um Wiederholungen zu vermeiden, werde ich die nun folgenden Vorschläge nicht weiter kommentieren. Die jeweils zugrunde liegenden Ausgangssituationen aus der „Recherchephase" sind mit denen des Telefonierens identisch.

Auch die Texte werden Ihnen bekannt vorkommen. Das Prinzip, immer wieder ähnliche Module zu verwenden, wird weiter beibehalten. Ich starte mit der bereits bekannten ersten Situation:

Dieter L. Schmich

Situation 1: Ihnen liegt vom Arbeitgeber lediglich eine allgemeingültige E-Mail-Adresse vor

Sehr geehrte Damen und Herren,

gerne würde ich mich bei Ihrem Unternehmen als ………. (alternativ: für den Bereich ……….) bewerben. Wäre dies momentan sinnvoll und könnten Sie mir gegebenenfalls einen Ansprechpartner nennen? Herzlichen Dank im Voraus.

Mit freundlichen Grüßen

Max Musterfrau

Situation 2: Ihnen wurde ein Ansprechpartner inkl. E-Mail-Adresse namentlich empfohlen

Sehr geehrte Frau Muster,

Frau XY war so freundlich, mir Ihren Namen zu nennen. Sie hat mir empfohlen, mich vertrauensvoll an Sie zu wenden. Sehr gerne würde ich mich bei Ihnen als ……….. (alternativ: für den Bereich ……….) bewerben. Wäre dies momentan sinnvoll und falls ja, welche weitere Vorgehensweise wünschen Sie?

Mit freundlichen Grüßen

Max Musterfrau

Situation 3: Sie haben den Namen des Ansprechpartners inklusive E-Mail-Adresse lediglich recherchiert

Sehr geehrte Frau Muster,

sehr gerne würde ich mich bei Ihnen als ………. (alternativ: für den Bereich ………) bewerben.

Wäre das momentan sinnvoll und falls ja, welche weitere Vorgehensweise wünschen Sie?

Mit freundlichen Grüßen

Max Musterfrau

Textmodule für den sich anschließenden E-Mail-Verkehr

Die Kehrseite von E-Mails ist die fehlende persönliche Komponente. Sie können infolgedessen Ihr 45plus-Charisma erst einmal nicht ins Spiel bringen Des Weiteren erhalten Sie vom Gegenüber nur häppchenweise wichtige Informationen. Diesen Nachteil können Sie aber ein wenig kompensieren, indem Sie mehrere Nachrichten mit dem Gegenüber wechseln. Sie sollten daher immer das Ziel verfolgen, mehrere E-Mails mit der zuständigen Person auszutauschen. Dies ist ein zusätzliches Argument für knappe Texte. Falls Sie sich entsprechend kurz halten, entstehen nicht nur automatisch Rückfragen, sondern Sie wecken zudem Neugierde.

Je öfter Sie sich mit jemandem austauschen, umso höher ist die Wahrscheinlichkeit, dass Sie im Gedächtnis bleiben.

Nachdem Sie eine Antwort auf Ihre Erstanfragen erhalten haben, können Sie für den sich anschließenden E-Mail-Verkehr folgende (teilweise bekannten) Formulierungen einsetzen:

... herzlichen Dank für das schnelle Feedback. Sind für meine Bewerbungsunterlagen spezielle Vorgaben Ihrerseits zu beachten?

... zunächst danke schön für die freundlichen Worte. Wünschen Sie meine Bewerbungsunterlagen per Post oder per E-Mail?

... zunächst herzlichen Dank für die Nennung meines Ansprechpartners. Ich werde meine Unterlagen schnellstmöglich per E-Mail senden. Könnten Sie mir bitte noch die E-Mail-Adresse von Frau (Herrn) .... nennen?

... zunächst danke schön für die prompte Antwort und die Nennung des zuständigen Ansprechpartners. Gerne werde ich Frau (Herrn) .... meine Unterlagen zukommen lassen. Ist Frau (Herr) .... telefonisch erreichbar?

Ich stehe in meinem .... Lebensjahr. Denken Sie, dass meine Bewerbung dennoch ausreichende Berücksichtigung findet?

Dieter L. Schmich

... herzlichen Dank für Ihre Antwort. Ist es sinnvoll, sich zu einem späteren Zeitpunkt wieder zu melden?

... dennoch herzlichen Dank für die Information. Darf ich Ihnen noch eine letzte Frage stellen? Haben Sie vielleicht einen Tipp für mich, bei welchen Unternehmen ich noch anfragen könnte?

Im Übrigen ist der Kommunikationsweg per E-Mail sehr zeitsparend. Sie können an einem Vormittag sicher fünf- bis zehnmal so viele Erstanfragen durchführen wie bei der telefonischen Variante. Das Ganze relativiert sich allerdings recht schnell, weil Sie mit Ihrer gestandenen 45plus-Ausstrahlung nicht punkten können. Ihre Erfolgsquote wird infolgedessen schlechter sein als beim Telefonieren.

Ein weiterer Grund, warum man doppelt bis dreimal so viele Kurzanfragen als beim Telefonieren durchführen muss, ist die heute übliche Personalknappheit. Manche Mitarbeiter auf der Empfängerseite sind derart zeitlich überlastet, dass sie nicht bereit sind, sich kurz Gedanken zu machen, wer zuständig sein könnte. Andere haben einfach keine Lust, sich intern zu erkundigen, ob und wann Ihre Bewerbung sinnvoll wäre. Man reagiert dann auf Ihre Anfragen überhaupt nicht. Im Fall von E-Mails ist dies natürlich besonders einfach möglich. Das sind dann diejenigen Feedbacks, auf die Sie vergeblich warten. Stellen Sie sich daher auf Folgendes ein:

20–50 Prozent Ihrer Anfragen werden gar nicht beantwortet.

Auch darüber können Sie gelassen hinwegsehen. Waren Sie bei der Recherchearbeit entsprechend fleißig, können Sie genug Anfragen versenden. Damit sind Sie in der Lage, die erhöhte Ausfallquote locker zu kompensieren. Die schließlich erhaltenen Insiderinformationen (bei 5–10 Prozent aller Anfragen) werden dennoch mehr als ausreichend sein, um Ihren neuen Job akquirieren zu können. Vielleicht sind Sie ja zu einem späteren Zeitpunkt wieder bereit, diejenigen Erstanfragen, auf die Sie keine Reaktion erhalten haben, erneut zu versenden. Auch Arbeitgebern sollte man immer mal wieder eine zweite Chance geben.

Summa summarum liegt auch bei dem Kontakt per E-Mail der Schlüssel für den Erfolg in der Einfachheit der Sprache sowie der nüchternen Akzeptanz einer bestimmten Ausfallquote. Ist Ihre Schlagzahl hoch genug, wird Ihnen für eine erfolgreiche Jobsuche aber schon ein geringer Prozentsatz positiver Feedbacks genügen.

Allerdings gibt es auch Situationen, in denen eine persönliche Direktansprache sinnvoll ist, um sich das Okay für die Bewerbung einholen zu können. Dazu jetzt mehr.

3.2.3 Direktkontakt

Eine hervorragende Gelegenheit für eine persönliche Kontaktaufnahme sind Messen oder sonstige Anlässe, bei welchen Sie auf Mitarbeiter und Führungskräfte von Unternehmen stoßen. Darüber hinaus können Sie auch beim Arbeitgeber vor Ort zuständige Ansprechpartner oder freie Stellen erfragen.

Leider ist diese Variante auch die zeitintensivste. Wie ich bereits sagte, müssen Sie grundsätzlich auf die zeitliche Effektivität Ihres Engagements achten. Schließlich möchten Sie so viele Arbeitgeber wie möglich ‚abarbeiten‘. Demnach sollten Sie die Direktkontakte nur dann machen, wenn Sie die Chance haben, auf engstem Raum so viele Arbeitgeber wie möglich anzutreffen (wie z.B. auf Messen).

Vergessen Sie bitte auch hier nicht, dass Sie sich an dieser Stelle Ihrer Bemühungen noch nicht in der „Bewerbungsphase" befinden. Es ist nicht erforderlich, sich im Übermaß ‚zu verkaufen‘, voreilig die Zusage für einen neuen Job anzustreben oder sich sogar anzubiedern. Sie möchten lediglich verdeckte Positionen aufspüren oder Namen von Ansprechpartnern herausfinden.

Sie müssen unbekannten Menschen lediglich zwei bis drei kurze Fragen stellen – nichts weiter.

Dieter L. Schmich

Es kostet Sie vielleicht etwas Überwindung, aber es gibt keinen Anlass, sich unnötig unter Druck zu setzen, nervös zu sein oder sich die ganze Sache komplizierter vorzustellen, als sie ist. Im Allgemeinen werden Sie es mit freundlichen Leuten zu tun bekommen.

> **Es ist nicht entscheidend, wie gut Sie jemanden ansprechen, sondern es geht darum, dass Sie es überhaupt tun.**

Falls Sie neben Messen oder ähnlichen Veranstaltungen auch Unternehmen direkt vor Ort besuchen möchten, gibt es eine Grundregel, um zu klären, ob dies tatsächlich sinnvoll ist:

> **Je mehr ein Unternehmen den spontanen Kontakt zu fremden Personen gewohnt ist (z.B. Kundenbesuche), umso eher ist die Kontaktvariante durch einen Besuch vor Ort geeignet.**

Streben Sie hingegen eine Branche an, in der Kunden eher selten spontan aufkreuzen, sollten Sie diese Arbeitgeber nur im Rahmen von Messen und bei ähnlich gelagerten Anlässen persönlich ansprechen.

Obwohl Sie aufgrund Ihrer umfangreichen Lebenserfahrung sicher keine Tipps benötigen, wie man fremden Personen zwei bis drei simple Fragen stellt, mache ich dennoch immer wieder die Erfahrung, dass auch alte Hasen einen viel zu großen Aufwand betreiben. Deshalb stelle ich Ihnen wieder einige Formulierungen für die Erstanfragen vor. Diese sollen Sie daran erinnern, sich auf eine einfache Kommunikationsform zu reduzieren.

> *„Ihr Unternehmen macht auf mich einen hochinteressanten Eindruck. Wie kann ich nähere Informationen erhalten?"*
>
> *„Ich suche eine Tätigkeit als .... und würde mich sehr gerne bei Ihrem Unternehmen bewerben. Denken Sie, dass dies momentan sinnvoll ist und können Sie mir gegebenenfalls einen Ansprechpartner nennen?"*

„Ich bin .... von Beruf und suche gerade einen neuen Job im Bereich .... Denken Sie, dass es momentan sinnvoll ist, sich auch bei Ihrem Unternehmen zu bewerben?"

„Wie kann ich herausfinden, wer in Ihrem Haus für mich zuständig ist?"

„Zu welcher Vorgehensweise würden Sie bei einer Bewerbung raten?"

„Denken Sie, dass es trotz meines Alters Perspektiven bei Ihnen geben könnte?"

„Haben Sie vielleicht eine Idee, welche weiteren Unternehmen für mich interessant sind?"

„Ich möchte mich sehr herzlich für das Gespräch bedanken. Haben Sie vielleicht eine Visitenkarte für mich?"

„Vielen Dank für das Gespräch. Das hat mir sehr weitergeholfen. Falls ich noch Fragen habe, darf ich Sie nochmals kontaktieren? Bevorzugen Sie E-Mail oder eher Telefon?"

„Das Gespräch war für mich sehr interessant. Darf ich wieder auf Sie zukommen, falls ich noch Fragen habe?"

„Die Informationen haben mir sehr weitergeholfen. Haben Sie vielleicht eine Infobroschüre oder Ähnliches für mich? Sind darin Ihre Kontaktdaten enthalten?"

Haben Sie ruhig den Mut, sich nur auf die Eingangsfragen zu konzentrieren, um sich im Anschluss dem weiteren Gesprächsverlauf hinzugeben. Je mehr Ihr Gegenüber redet und je weniger Sie sprechen, umso informativer und einfacher ist für Sie die Unterhaltung.

Falls Sie es derzeit nicht gewohnt sind, unbekannte Menschen anzusprechen, können Sie auch hier durchaus einen Spickzettel verwenden. In unbeobachteten Augenblicken können Sie dann immer mal wieder einen Blick darauf werfen. Auf der nächsten Seite sehen Sie dahingehend wieder eine Kopiervorlage: Sie können diese auf A4 vergrößern, mit eigenen Formulierungen ergänzen und zum entsprechenden Anlass einfach mitnehmen.

Dieter L. Schmich

Lächeln und in die Augen schauen

Aufrechte Körperhaltung

Erst dann die Hand geben, wenn Sie angeboten wird

Keine übertriebene Höflichkeit oder gar Unterwürfigkeit

Gesprächspartner aussprechen lassen

Visitenkarte, Telefonnummer oder E-Mail-Adresse mitnehmen

Gesprächspunkte notieren (Rückseite Visitenkarte)

„Ich suche eine Tätigkeit als .... und würde mich sehr gerne bei Ihrem Unternehmen bewerben. Denken Sie, dass dies momentan sinnvoll ist und können Sie mir gegebenenfalls einen Ansprechpartner nennen?"

„Ihr Unternehmen macht auf mich einen hochinteressanten Eindruck. Wie kann ich nähere Informationen erhalten?"

„Ich bin .... von Beruf und suche gerade einen neuen Job im Bereich .... Denken Sie, dass es momentan sinnvoll ist, sich auch bei Ihrem Unternehmen zu bewerben?"

„Wie kann ich herausfinden, wer in Ihrem Haus für mich zuständig ist?"

„Zu welcher Vorgehensweise würden Sie bei einer Bewerbung raten?"

„Denken Sie, dass es trotz meines Alters Perspektiven bei Ihnen geben könnte?"

„Haben Sie vielleicht eine Idee, welche weiteren Unternehmen für mich interessant sein könnten?"

„Ich möchte mich sehr herzlich für das Gespräch bedanken. Haben Sie vielleicht eine Visitenkarte für mich?"

„Vielen Dank für das Gespräch. Das hat mir sehr weitergeholfen. Falls ich noch Fragen habe, darf ich Sie nochmals kontaktieren? Bevorzugen Sie E-Mail oder eher Telefon?"

„Das Gespräch war für mich sehr interessant. Darf ich wieder auf Sie zukommen, falls ich noch Fragen hätte?"

„Die Informationen haben mir sehr weitergeholfen. Haben Sie vielleicht eine Infobroschüre oder Ähnliches für mich? Sind darin Ihre Kontaktdaten enthalten?"

Fragen, die ich zusätzlich stellen möchte:

....

....

....

....

....

....

....

....

....

....

....

Insbesondere bei Direktkontakten kann es zweckmäßig sein, einige Bewerbungsmappen mitzuführen, um diese gegebenenfalls zuarbeitenden Mitarbeitern auszuhändigen. Allerdings stellt sich diese Vorgehensweise als eine Gratwanderung dar. Diese Strategie empfehle ich Ihnen nur dann, wenn Sie sich absolut sicher sind, dass Ihre Unterlagen ordnungsgemäß weitergeleitet werden. Im Zweifelsfall lassen Sie sich lieber den Namen (bzw. Telefonnummer oder E-Mail-Adresse) des zuständigen Ansprechpartners nennen und versuchen dann später, direkt mit ihm Kontakt aufzunehmen.

Grundsätzlich trennen Sie die beiden Aktionen „Kontaktaufnahme" und „Übergabe der Bewerbungsunterlagen" voneinander. So haben Sie immer einen guten Anlass mit der richtigen Frau oder dem richtigen Mann mehrmals zu kommunizieren. Wie gesagt: Je öfter Sie mit einer Person sprechen, desto höher ist die Wahrscheinlichkeit, dass Sie einen bleibenden Eindruck hinterlassen und man sich wieder an Sie erinnert.

3.2.4 Zusammenfassung

In dieser zweiten Phase Ihrer Jobsuche, der Kontaktaufnahme, laufen die Texte und Gesprächsleitfäden (Telefon, E-Mail oder persönlich) immer auf zwei grundlegende Formulierungen hinaus:

1. Ist eine Bewerbung in meinem Bereich sinnvoll?

2. Wer ist mein Ansprechpartner?

Diese beiden simplen Fragen werden dazu führen, dass Sie, sozusagen als Nebeneffekt, nahezu automatisch „Verdeckte Stellen" aufspüren.

Im Übrigen sollten Sie sorgfältig abwägen, ob Sie sich schon beim Erstkontakt auf eine eng umrissene Tätigkeit festlegen (z.B. Marketingleiter). Besser wäre, einen Aufgabenbereich zu nennen (z.B. Führungsposition im kaufmännischen Bereich). Es wäre nicht das erste Mal, dass ein interessanter Vorschlag von der Arbeitgeberseite unterbreitet wird, auf den Sie im Vorfeld nie gekommen wären.

Dieter L. Schmich

Über alledem haben Sie sicher bemerkt, dass Sie niemals direkt nach einer offenen Position fragen. Ebenso verlieren Sie in den Eingangsfragestellungen kein Wort darüber, welche Kenntnisse und Fähigkeiten Sie im Speziellen zu bieten haben. Das hat seinen berechtigten Grund:

Bringen Sie den Mut auf, Neugierde zu schüren.

Wenn Sie vermeintlich wichtige Informationen ein wenig zurückhalten, können Sie darauf wetten, dass Ihr Gesprächspartner früher oder später nachhaken wird. Dann können Sie gelassen über Ihre Berufserfahrungen sprechen (innerlich triumphierend, dass die erwünschte Gegenfrage tatsächlich gekommen ist). Dies muss früher oder später Ihr finales Ziel sein, schließlich haben Sie sich bis zu diesem Zeitpunkt mit Ihren 45plus-Sonderausstattungen ausführlich beschäftigt. Sie sind sich Ihrer wertvollen Lebens- und Berufserfahrung bewusst. So werden Sie jederzeit in der Lage sein, über alle Ihre Kernkompetenzen, Stärken und sonstigen Vorteile selbstsicher und spontan zu sprechen.

Alles in allem möchte ich Sie nochmals an die Quotenrechnung erinnern: Manchmal haben Sie permanent ‚Treffer‘, das heißt einen positiven Kontakt nach dem anderen, um im Anschluss eine Durststrecke durchstehen zu müssen. Konzentrieren Sie sich immer auf den Gesamtdurchschnitt aller ‚Treffer‘ und ‚Neins‘. Es ist alles eine Frage der Verhältnisrechnung. Erinnern Sie sich bitte immer wieder daran, dass Sie lediglich einen geringen Prozentsatz positiver Feedbacks benötigen.

In letzter Konsequenz reicht Ihnen ein einziger Treffer aus.

Erfahrungsgemäß werden Sie jedoch weit mehr Treffer und Insiderinformationen erhalten. Mit diesen Ergebnissen in der Tasche können Sie dann die dritte und letzte Phase Ihrer „Jobakquisition" starten.

3.3 Bewerbungsphase

Es ist endlich soweit: Sie haben sich nun lange genug zurückgehalten. Jetzt können Sie sich bewerben. An dieser Stelle des empfohlenen Ablaufplans verfügen Sie über folgendes Insiderwissen:

- **Die Zusage, dass eine passende Stelle existiert und demnach eine Bewerbung sinnvoll ist.**

- **Den richtigen Bewerbungszeitpunkt.**

- **Einen Ansprechpartner, der für Ihre Bewerbung zuständig ist.**

- **Den gewünschten Übermittlungsweg.**

Darüber hinaus verfügen Sie wahrscheinlich über weitere Auskünfte, die es Ihnen ermöglichen, sich passgenau zu bewerben. Sie haben sich nun in eine außerordentlich gute Ausgangsposition gebracht:

1. **Sie nerven niemanden mit unerwünschten Dokumenten.**

2. **Ein Ansprechpartner ist vorbereitet und erwartet Ihre Bewerbung.**

3. **Sie stehen weniger in Konkurrenz mit jüngeren Bewerbern.**

4. **Sie haben Vakanzen entdeckt, die auch 45plus-Bewerber betreffen.**

Jetzt haben Sie eine große Chance, dass Ihre Unterlagen direkt auf dem richtigen Schreibtisch bzw. PC landen. Sie müssen nicht mehr unter Massen von Bewerbern entdeckt werden. Es ist nicht mehr erforderlich, aus Ihren Bewerbungsunterlagen ein ‚Kunstwerk' zu machen, nur um irgendwie aufzufallen. Vielleicht sind Sie sogar die einzige Kandidatin oder der einzige Kandidat für die Stelle. Zumindest haben Sie den Wettbewerb mit anderen Mitbewerbern entscheidend entschärft. Sie erfüllen damit eines der Hauptkriterien für eine erfolgreiche Verkaufstechnik – das Alleinstellungsmerkmal.

Im Vergleich zur „Recherche- und Kontaktphase" benötigt die Bewerbungsphase den geringsten Zeiteinsatz. Die Hauptarbeit ist schon getan: Das Zusammenstellen Ihrer Bewerbungsunterlagen ist schnell erledigt. Aufgrund Ihrer Vorarbeit im Rahmen des Kapitels

„Selbstmarketing" liegen Ihnen diese fix und fertig vor. Meist müssen Sie nur noch Ihr Musteranschreiben leicht anpassen. Aber auch das können Sie gelassen angehen: Falls Ihr Anschreiben nur überflogen oder gar nicht gelesen wird, entgeht dem Empfänger dennoch nichts. Zumindest in Ihrem Fall gleicht der tabellarische Lebenslauf einer Werbebroschüre. Schon darin werden alle Ihre Fähigkeiten und Kenntnisse verkaufsfördernd und aussagekräftig dargestellt.

Jetzt geht es nur noch um die Übermittlung Ihrer Unterlagen. Was jetzt ansteht, kennen Sie bereits. Die Vorgehensweise in dieser letzten Phase ist identisch mit den Bewerbungstechniken von Jobsuchenden, die nicht in einer Sondersituation stehen.

Je nachdem, welche Wünsche auf der Arbeitgeberseite bestehen, gibt es grundsätzlich drei Möglichkeiten, um Bewerberdaten zu übergeben:

1. Per Post

2. Online

3. Persönliche Übergabe

Auf die drei Varianten der „Bewerbungsphase" werde ich nur kurz eingehen, da es dabei keine größeren Herausforderungen zu meistern gibt.

3.3.1 Bewerbungsmappen per Post

Der Versand von Mappen ist ein Auslaufmodell. Diese Form der Bewerbung wird es in absehbarer Zeit nicht mehr geben. Dennoch gibt es durchaus Unternehmen, Behörden und sonstige Einrichtungen, die diese Variante vergangener Jahre noch wünschen.

Ihre zwei bis drei Dateien mit dem Anschreiben, Lebenslauf und den Zeugnissen sind also auszudrucken, in eine Bewerbungsmappe einzuheften und per Post zu versenden. Das war es dann im Prinzip – jedoch sollten Sie dabei auf ein paar Kleinigkeiten achten:

- Die Mappe sollte exakt dem A4-Format entsprechen. Dadurch können Sie ein passgenaues C4-Kuvert verwenden. Die Unterlagen erreichen den Empfänger in einem besseren Zustand.

- Teure dreiteilige Mappen zum Aufklappen können verwendet werden. Dies ist allerdings kein Muss, denn sie sind auf der Arbeitgeberseite eher umständlich zu handhaben und erhöhen den Sichtungsaufwand.

- Stabile A4-Klemmhefter sind ebenbürtig. Falls die Deckseite transparent ist, sind Ihre Unterlagen auf einem vollen Schreibtisch besser auffindbar. Zudem verringern diese den Sichtungsaufwand, weil Ihr Foto und Ihre persönlichen Daten bereits zu sehen sind, ohne dass die Mappe aufgeschlagen werden muss.

- Um den Umschlag nicht per Hand beschriften zu müssen, sollten Sie Fensterkuverts verwenden. So wirkt Ihre Post ein wenig eleganter. In diesem Fall ist Ihr Anschreiben nicht Bestandteil der Mappe. Es liegt lose oben auf. Nur so ist die Empfängeradresse von außen sichtbar.

Durch den Zwischenschritt, zuerst Kontakt aufzunehmen, bevor Sie sich bewerben, kennen Sie in der Regel den erwünschten Versandweg (online oder Post). Sollten Ihnen diese Informationen einmal nicht vorliegen, wählen Sie den Weg per Post. Rechnen Sie lieber mit unzureichenden PC-Kenntnissen auf der Gegenseite. Ihnen bleibt dann nichts anderes übrig, als die gute, alte Bewerbungsmappe einzusetzen.

3.3.2 Onlinebewerbungen

Der Oberbegriff „Onlinebewerbung" umfasst gleich zwei Möglichkeiten der digitalen Übertragung Ihrer Bewerbungsdaten:

1. Der Versand Ihrer Bewerbungsunterlagen per E-Mail.

2. Das Eintippen Ihrer Daten in Internetportale.

Onlinebewerbungen per E-Mail

Zum Versand Ihrer Bewerbung per E-Mail gibt es leider keine einheitlichen Standards. Allerdings haben sich einige Vorgehensweisen in der Praxis bewährt. Folgende Punkte sollten Sie möglichst beachten:

- Dateien sind der E-Mail grundsätzlich im PDF-Format anzuhängen.

- Manche Arbeitgeber begrenzen die maximale Größe eingehender E-Mail-Anhänge. Um ganz sicher gehen zu können, dass Ihre Nachricht nicht blockiert wird, sollte die Summe aller angehängten Dateien nicht größer als drei bis fünf Megabyte sein.

- Achten Sie darauf, dass die gewählten Dateinamen logisch auf deren Inhalt hinweisen. Darüber hinaus sollten diese zusätzlich Ihren Nachnamen enthalten. So können alle Dateien am einfachsten Ihnen zugeordnet werden, unabhängig davon, wie diese digital verarbeitet werden.

- Im Idealfall sollten Sie maximal zwei Dateien anhängen. Die erste mit Ihrem Anschreiben und die zweite mit Ihrem Lebenslauf inklusive den Zeugnissen. Als noch akzeptable Alternative können Sie Ihre Zeugnisse vom Lebenslauf trennen und separat als dritte Datei anhängen.

Belästigen Sie bitte niemanden mit mehr als drei angehängten Dateien oder sogar mit einer Vielzahl davon. Sie müssten auf der Empfänger-seite alle einzeln geöffnet, gesichtet und in der richtigen Reihenfolge ausgedruckt werden. Diese Mehrarbeit mögen die Mitarbeiter auf der Arbeitgeberseite in der Regel nicht.

Darüber hinaus sollten Sie den Text Ihres Anschreibens nicht nur in das Textfeld Ihrer E-Mail-Eingabemaske kopieren, sondern zusätz-lich als Datei anhängen. Doppelt hält besser: So kann der Leser auf der Gegenseite selbst entscheiden, ob er Ihr Anschreiben direkt am Bildschirm lesen oder als korrekt formatiertes Dokument ausdrucken möchte. Dies ist besonders dann zu beachten, wenn zuarbeitende Beschäftigte beauftragt sind, Ihre Bewerbungsunterlagen auszudru-cken und an ihren Chef weiterzuleiten.

Mir ist bewusst, dass sich besonders 45plus-Bewerber ab und zu schwer tun, digitale Versionen ihrer Bewerbung anzufertigen. Falls auch Sie unsicher sind, ob Ihre Dokumente zeitgemäßen Onlinean-forderungen entsprechen, können Sie diese von einem Fachmann zu einer digitalen Version überarbeiten lassen. Dies ist kein großer Auf-wand. Sicher gibt es einige Bewerbungsexperten in Ihrer Region.

Falls Sie sich jedoch selbst intensiver mit diesem Thema beschäftigen möchten, dann können Sie sich auch mein Werk „Lebenslauf, Anschreiben, Erfahrungsprofil, Arbeitszeugnisse" zu Gemüte führen. Dort zeige ich für Interessierte auf, wie hochwertige Onlinebewerbungen entstehen. Gehen wir nun weiter zur zweiten Variante von Onlinebewerbungen.

Onlinebewerbungen über Internetportale

Insbesondere bei bekannteren Unternehmen können gewaltige Mengen an Bewerbungsunterlagen eingehen. Um dieser Datenflut Herr zu werden, haben mittlerweile viele Arbeitgeber Portale für Bewerbungen auf ihren Internetpräsenzen eingerichtet. Dadurch können Jobsuchende bequem auf eine Homepage verwiesen werden. Dort müssen sie dann mühsam und zeitraubend selbst ihre Daten eintippen. Die weitere, interne Bearbeitung geschieht meist ebenfalls durch die EDV. Das heißt, die Vorauswahl aller eingegangenen Bewerbungen übernimmt wieder ein Softwareprogramm. So entstehen auf der Arbeitgeberseite nahezu keine Kosten mehr. Zudem wird jedem Kandidaten suggeriert, dass er sich jederzeit bewerben könne.

Ich persönlich bezweifle jedoch erheblich, ob die Daten auch in allen Unternehmen optimal verarbeitet werden. Zudem laufen Sie aufgrund Ihres Lebensalters Gefahr, schon allein wegen Ihres Geburtsdatums automatisiert von der Software der Gegenseite blockiert zu werden. Die Wahrscheinlichkeit ist infolgedessen sehr gering, dass jemals auch ein Entscheidungsträger (also ein Mensch) Ihre Bewerbung einsehen wird. Leider muss ich Ihnen daher Folgendes mitteilen:

45plus-Bewerber haben nur geringe Erfolgschancen, wenn sie im Internet ihre Bewerberdaten online eintippen.

Es gibt aber auch eine positive Kehrseite: Dieser Trend, dass oft auf Onlineportale verwiesen wird, spielt Ihnen nämlich in die Karten. Die meisten Jobsuchenden folgen leichtgläubig den jeweiligen Anweisun-

Dieter L. Schmich

gen und tippen hoffnungsvoll Ihre Daten ein. Da Sie hingegen diesen Bewerbungsweg meist nicht benötigen, weil Sie eine „Kontaktphase" als Zwischenschritt einlegen, werden Sie längst mit der zuständigen Person kommunizieren, während andere noch warten und bangen.

Beispiel:

Frau J. entdeckte eine Anzeige eines internationalen Chemiekonzerns, welche vor acht Wochen erschienen war. Als Chemikantin interessierte sich Frau J. für die darauf ausgeschriebene Stelle „Buchhalter/in" natürlich nicht, jedoch für die angegebenen Arbeitgeberdaten. Eine E-Mail-Adresse konnte sie dem Inserat entnehmen.

Frau J. schrieb eine E-Mail und fragte nach, ob eine Bewerbung als Chemikantin sinnvoll sei und wenn ja, welche weitere Vorgehensweise gewünscht wäre. Daraufhin erhielt sie eine sehr kurze Nachricht als Antwort: „Sie können sich jederzeit online auf dem Jobportal unserer Internetseite www.xyzag.de bewerben."

Frau J. wollte sich jedoch nicht abwimmeln lassen. Sie wusste nur zu gut, dass sie auf diesem Bewerbungsweg nicht mit anderen Bewerbern konkurrieren konnte. Sie vermutete zu Recht, dass dort täglich Hunderte von Bewerbungen eingetippt würden. Schließlich handelte es sich um einen sehr bekannten Großkonzern.

Sie bedankte sich für die Information und schrieb freundlich zurück, ob es denn speziell für Chemikantinnen einen Ansprechpartner gäbe. Daraufhin erhielt sie eine noch kürzere E-Mail: Sie beinhaltete lediglich den Vor- und Zunamen einer Kollegin – allerdings inklusive der E-Mail-Adresse.

Erfreut über diese wertvolle Information stellte Frau J. der angegebenen Mitarbeiterin nochmals die gleiche Frage, ob eine Bewerbung sinnvoll sein könnte. Noch am gleichen Tag erhielt sie eine Antwort: „Gerne können sie mir Ihre Bewerbungsunterlagen per E-Mail zusenden", hieß es.

„Geht doch", sagte Frau J. zu sich selbst. Eine Woche später hatte sie eine Einladung zu einem Vorstellungsgespräch in der Tasche.

Selbstverständlich will ich Ihnen nicht verschweigen, dass Sie es nicht immer verhindern können, Ihre Bewerbung auf einem Internetportal eintippen zu müssen. Bringt eine gewisse (freundliche) Hartnäckigkeit Ihrerseits nichts, müssen Sie diese nachteilige Bewerbungsform leider akzeptieren.

Dennoch sollten Sie im Hinterkopf behalten, dass eine Aufforderung, Ihre Daten online einzutippen, eigentlich einer Absage gleichkommt. Insbesondere dann, wenn Sie während Ihrer „Kontaktphase" hören, dass Sie sich natürlich jederzeit auf der betreffenden Internetseite des Unternehmens bewerben können. Diese Aussage hat meist folgende Bedeutung: „Wir haben jetzt keine Zeit (oder Lust), uns mit Ihrem Bewerbungswunsch zu beschäftigen."

Im Übrigen gibt es bei der Bewerbung über Internetportale wenig zu beachten: Folgen Sie einfach den jeweiligen Anweisungen, die bei jedem Unternehmen unterschiedlich sind. Das Einzige, was Sie verhindern sollten, sind Tippfehler. Erinnern Sie sich daran, dass insbesondere bei größeren Konzernen Computerprogramme und nicht Menschen eine Vorauswahl treffen. Gibt es für bestimmte Suchbegriffe in Ihren Bewerberdaten keine Treffer, nur weil die Schreibweise nicht stimmt, wäre dies ein Fauxpas, der sicherlich zu vermeiden ist.

Alles in allem kann man sagen: Sind Sie mit Onlinebewerbungen über Internetportale erfolgreich, wird dies eine angenehme Überraschung für Sie sein. Falls nicht, haben Sie nichts anderes erwartet.

Gehen wir nun weiter zum dritten Übermittlungsweg für Ihre Bewerbung, bei dem Sie wieder auf Menschen treffen werden.

3.3.3 Persönliche Übergabe

Manchmal ist es sinnvoll, direkt beim Arbeitgeber vor Ort Bewerbungsunterlagen abzugeben. Auch hierzu gibt es zwei Varianten:

1. **Das Überreichen durch Sie selbst.**

2. **Die Abgabe durch Empfehlungsgeber.**

Das Überreichen durch Sie selbst

Im Kapitel „Kontaktaufnahme" wurde die Möglichkeit beschrieben, bestimmte Arbeitgeber unangekündigt zu besuchen. Das heißt jedoch nicht, dass Sie darunter verstehen sollen, Unternehmen mit Bewerbungsunterlagen zuzupflastern.

Unter der persönlichen Abgabe von Bewerbungsunterlagen verstehe ich jene Situation, in der Sie im Vorfeld das Einverständnis für Ihre Bewerbung eingeholt haben. Wenn Sie dann anschließend Ihre Unterlagen persönlich beim Arbeitgeber vorbeibringen, ist das sicher kein Nachteil. Sie zeigen damit eindrucksvoll Ihre Motivation.

Das Ganze stellt sich allerdings als Gratwanderung dar. Erstens wird Ihr zuvor ermittelter Ansprechpartner eher selten in der Lage sein, sich spontan Zeit zu nehmen und zweitens ist dieses Engagement für Sie sehr zeitaufwendig und umständlich. Der Aufwand, möglicherweise kilometerweit zu fahren, nur um einen einzigen Arbeitgeber beeindrucken zu wollen, muss also im Einzelfall sorgfältig abgewogen werden.

Die Abgabe durch Empfehlungsgeber

Falls Sie über einen interessanten Kontakt verfügen, der in einem von Ihnen gewünschten Unternehmen beschäftigt ist, wäre dies natürlich eine Idealkonstellation. Ihr Bekannter könnte Ihre Unterlagen bei der Personalabteilung persönlich abgeben. Ihre Bewerbung wird dann durch einen Empfehlungsgeber überbracht. Auf diese Weise eingehende Unterlagen werden in der Regel bevorzugt behandelt. Meist gelangen solche Mappen zur Bearbeitung auf einen gesonderten Stapel. Besser können Sie Ihre Konkurrenz nicht eliminieren.

Falls Sie Ihren Kontakt in der betreffenden Firma noch zusätzlich namentlich nennen dürfen, wäre dies besonders vorteilhaft. Bereits in Ihrem Bewerbungsanschreiben wäre dann die Nennung einer Referenz möglich (am besten schon in der Betreffzeile). Solche Kontakte erweisen sich dann als besonders wertvoll.

3.4 Fazit

Ich fasse noch einmal das Kapitel „Jobakquisition" zusammen: Die aufgezeigte Vorgehensweise hat zum Ziel, sich nicht leichtfertig in den Wettbewerb mit Jüngeren zu begeben, sondern vielmehr sich diesem zu entziehen. Das heißt, Sie konzentrieren sich bei Ihrer Jobsuche auf den „Verdeckten Stellenmarkt". Sie spezialisieren sich auf die Akquisition von Vakanzen, die öffentlich nicht ausgeschrieben sind. So sind Sie immer einen Schritt voraus und stehen als 45plus-Bewerber nicht mehr in einem aussichtslosen Konkurrenzkampf. Gleichzeitig werden Sie auch solche offenen Stellen entdecken, die normalerweise über berufliche Netzwerke vergeben werden, was aus erwähnten Gründen besonders 45plus-Kandidaten betrifft.

> **Die Jobakquisition basiert im Wesentlichen darauf, sich Insiderwissen über „Verdeckte Stellen" anzueignen.**

Dabei durchlaufen Sie einen dreistufigen Ablaufplan: Die Recherche-, die Kontakt- und schließlich die eigentliche Bewerbungsphase. Dabei sind jedoch kausale Zusammenhänge zu beachten:

1. **Durch die Recherche Ihrer Arbeitgeberzielgruppe erarbeiten Sie sich das Datenmaterial für Ihre Kontaktaufnahmen.**

2. **Durch die Kontaktaufnahme entdecken Sie solche freien Stellen, die entweder auf 45plus-Bewerber abzielen oder von denen das Gros der Jobsuchenden nichts weiß.**

3. **Durch den geringeren Wettbewerb mit anderen verbessert sich die Quote zwischen Bewerbungen und Einladungen zu interessanten Vorstellungsgesprächen.**

4. **Durch mehr Vorstellungsgespräche entstehen mehr Jobangebote.**

Das bedeutet, dass sich große Erfolge schon bei der Recherche über alle weiteren Schritte bis hin zu den konkreten Jobangeboten bemerkbar machen werden. Die anfänglich erarbeitete Menge recherchierter Arbeitgeber wird proportional zu der Anzahl Ihrer Gespräche sein.

Dieter L. Schmich

Die Beachtung dieses Zusammenhangs ist besonders bei dem hier gezeigten Konzept enorm wichtig:

Nicht mehr Ihr Lebensalter spielt beim Bewerbungserfolg die entscheidende Rolle, sondern die Intensität Ihrer Recherche.

Oder anders ausgedrückt: Den vermeintlichen Nachteil aufgrund Ihres Alters können Sie durch eine engagierte Recherche- und Kontaktarbeit mehr als kompensieren. Zudem werden Sie erstaunt feststellen, dass für 45plus-Jobsuchende durchaus ein attraktiver Arbeitsmarkt existiert. Erinnern Sie sich daran, dass 45plus-Beschäftigte mehr als die Hälfte aller existierenden Arbeitsstellen innehaben. Dies wird sich auch in Zukunft nicht ändern. Ganz im Gegenteil, dieser Anteil wird sich künftig noch dramatisch erhöhen.

Im Übrigen empfehle ich, Ihre Jobsuche als eine Art Berufstätigkeit aufzufassen. Ein konsequentes tägliches Arbeiten bringt dabei die besten Erfolge. Bei beispielsweise zehn bis fünfzehn Kurzanfragen je Tag hätten Sie schon nach vier Wochen (inklusive freien Wochenenden) 200–300 Unternehmen per Telefon, per E-Mail oder persönlich angesprochen. Und wohlgemerkt, das heißt nicht, sich mühselig 200–300 Mal mit allem Drum und Dran beworben zu haben. Nein, es geht lediglich darum, zwei bis drei simpelste Fragen zu stellen, die zudem nur wenige Sekunden Zeiteinsatz erfordern. Zehn bis fünfzehn Anfragen sind an einem Vormittag locker zu schaffen.

Sprechen Sie täglich über Ihren Berufswunsch.

Dies ist einer der mächtigsten Faktoren für Ihren Bewerbungserfolg. Es ist immer wieder erstaunlich, welche außergewöhnlich positiven Ergebnisse durch eine tägliche Kommunikation entstehen.

Je mehr Arbeitgeber Sie kontaktieren, umso wahrscheinlicher ist es, auch einmal einen Job zu ergattern, von dem Sie bisher nicht zu träumen wagten.

Sie sind nun am Ende des Kapitels „Jobakquisition" angelangt. Theoretisch könnten Sie jetzt dieses Buch beiseitelegen. Ich habe Ihnen alle Informationen zur Verfügung gestellt, damit Sie schnell einen interessanten neuen Job ergattern können. Das heißt:

Sie wissen jetzt, mit welcher Technik Sie Ihren Job finden.

Die 45plus-Strategie umfasst neben dem „Selbstmarketing" und der „Jobakquisition" jedoch noch ein weiteres, wichtiges Modul. Da speziell Sie ganz besonders auch Ihre Zukunft im Blick haben sollten, müssen Sie mit Ihrer Jobsuche gleichzeitig Voraussetzungen schaffen, damit Sie künftig nie mehr in eine solche Bewerbungssituation geraten. Dazu jetzt mehr.

4  Zukunftssicherung

Dieses Kapitel betrifft in der Hauptsache den Zeitraum, nachdem Sie Ihren neuen Job gefunden haben. Möglicherweise werden Sie sich jetzt fragen: „Warum brauche ich noch weitere Informationen, wenn ich meinen gewünschten neuen Arbeitsplatz schon realisiert habe? Dann ist doch alles in Ordnung?"

Nicht unbedingt: Nahezu alle Firmen stehen heute in einem sehr harten Verdrängungswettbewerb. Der Glaube an freie Märkte veranlasste die Politik, immer mehr Staaten bzw. deren Unternehmen hierzulande agieren zu lassen. Freihandelsabkommen und die permanente Erweiterung der Europäischen Union führten dazu, dass nirgendwo in der Welt ein härterer Konkurrenzkampf herrscht als hierzulande.

Damit gibt es eine gewisse Wahrscheinlichkeit, dass Ihr zukünftiger Arbeitgeber diesem Marktdruck nicht standhalten und irgendwann einmal pleitegehen wird. In diesem Fall würde sich Ihr neuer Job einfach in Luft auflösen. Ebenso könnten Umstrukturierungsmaßnahmen beschlossen werden. Oder Ihre Firma wird an die Konkurrenz oder an eine Investorengruppe verkauft. Dann wäre Ihre neue Anstellung ebenfalls in Gefahr. Alles in allem ist es daher mehr als vorstellbar, dass Sie alle paar Jahre auf Jobsuche sein werden.

> **Hoffen Sie nicht darauf, dass schon irgendwie alles gut gehen wird – sorgen Sie rechtzeitig selbst für Ihre Sicherheit.**

Und genau darum geht es jetzt in dieser dritten Stufe der 45plus-Strategie: Ich werde Ihnen Lösungen anbieten, damit Sie die mögli-

Dieter L. Schmich

chen Nachteile eines globalisierten Arbeitsmarkts kompensieren können. Der Schlüssel liegt darin, ein Netz von beruflichen Kontakten zur Verfügung zu haben, mithilfe derer Sie sich absichern können.

Das Ganze stellt sich besonders für Sie recht einfach dar – zumindest zu dem Zeitpunkt, kurz nachdem Sie Ihren neuen Job gefunden haben: Während Ihren Recherche-, Kontakt- und Bewerbungsaktivitäten lernen Sie Ihre Arbeitgeberzielgruppe bzw. Branche kennen. Dabei kommunizieren Sie mit einer Vielzahl von wichtigen Ansprechpartnern. Es entsteht, sozusagen als Abfallprodukt Ihrer Jobsuche, eine gewaltige Datensammlung über potenzielle Arbeitgeber. Es drängt sich förmlich auf, aus diesen wertvollen Informationen eine gut organisierte berufliche Datenbank entstehen zu lassen. Es sind zwar noch einige Schritte vonnöten, um daraus ein funktionierendes Netz aufzubauen, dennoch liegt die Hauptarbeit schon hinter Ihnen.

Verdeutlichen Sie sich bitte, in welcher einzigartigen Situation Sie dann stehen werden: Sie müssen erhaltene Arbeitgeberdaten aus der „Recherche-, Kontakt- und Bewerbungsphase" nur noch ein bisschen ordnen, organisieren und pflegen. Machen Sie deshalb nicht auf halber Strecke halt, sonst entgeht Ihnen eine außergewöhnliche Chance. Sie könnten jetzt besonders einfach berufliche Kontakte schaffen. Mit diesem Sicherheitsnetz wäre es möglich, neue Jobalternativen zeitnah und ohne größeren Bewerbungsaufwand zu generieren. Falls doch einmal eine Kündigung droht, versprochene Perspektiven sich nicht einstellen oder Arbeitsbedingungen sich plötzlich verschlechtern, aktivieren Sie einfach Ihr neues Netzwerk. Diese Gewissheit, auf persönliche Beziehungen zurückgreifen zu können, wird Sie in eine sehr machtvolle Position gegenüber jeglichem Arbeitgeber versetzen.

Die Gewissheit, jederzeit seinen Arbeitgeber austauschen zu können, wird Ihr Sicherheitsgefühl dramatisch erhöhen.

Falls sich Ihr neuer Arbeitsplatz als Volltreffer erweisen sollte, ist alles in Ordnung. Wenn nicht, können Sie Ihren Arbeitgeber dann einfach gegen einen besseren auswechseln. Das macht Sie im beruflichen Bereich sozusagen altersresistent. Sie müssen nicht mehr ständig zittern, ob Ihr Arbeitsplatz möglicherweise in Gefahr ist, nur weil Ihr Lebensalter wie ein Damoklesschwert über Ihnen schwebt.

Es gibt also gewichtige Gründe, sich schon jetzt mit der Netzwerkphilosophie ein wenig zu befassen. Ich unterteile die Vorgehensweise für Ihre Zukunftssicherung in verschiedene Entwicklungsphasen:

1. **Datenbank erstellen**

2. **Kontakte pflegen**

3. **Beziehungen schaffen**

Obwohl es dabei Überschneidungen gibt, behandle ich aus Gründen der besseren Nachvollziehbarkeit alle drei Phasen getrennt voneinander.

4.1 Datenbank erstellen

Eigentlich müsste ich dieses Thema bereits zu Beginn dieses Buchs vorstellen. Es erscheint erst jetzt, weil ich an dieser Stelle den Gesamtzusammenhang zwischen der vorgestellten 45plus-Strategie für Ihre Jobsuche und dem Aufbau von Datenbanken besser verdeutlichen kann.

Im Rahmen der bisher beschriebenen Aktivitäten erhalten Sie viele Informationen. Sie werden Arbeitgeber recherchieren, Kontaktgespräche führen, Bewerbungen versenden sowie Bestätigungs-, Absage- und Einladungsschreiben erhalten. Ebenso tauschen Sie E-Mails aus, sammeln Visitenkarten oder bekommen sonstige Insiderinformationen und Hinweise. Darüber hinaus liegen Ihnen Firmenbezeichnungen, Unternehmensadressen, Namen von Ansprechpartnern, Telefonnummern, E-Mail-Adressen, Abteilungsnamen und vieles mehr

Dieter L. Schmich

vor. Zudem müssen Sie Vorstellungstermine vereinbaren, koordinieren und einhalten. Alles in allem werden die einzelnen Phasen Ihrer Jobsuche (Recherche – Kontakt – Bewerbung) zu einer gewaltigen Datenmenge führen. Dies ist auch erwünscht:

> **Ihre gewonnenen Informationen und Daten sind für Ihre zweite Lebenshälfte Gold wert.**

Ihre ‚Sammlung' muss nur noch strukturiert werden. Ich empfehle Ihnen deshalb, von Anfang an mit dem Aufbau einer beruflichen Datenbank zu starten. Haben Sie später die Zusage für Ihren neuen Job in der Tasche, wird dieses Datenmaterial Sie in die komfortable Lage versetzen, sehr bequem ein berufliches Netzwerk entstehen zu lassen – vorausgesetzt, Sie haben sich die Mühe gemacht, das Ganze zu ordnen.

Sollten Sie diese bürokratische Herausforderung vernachlässigen, vertun Sie eine wertvolle Chance. In Windeseile könnten Sie Ihre Kontakte, Ihre Informationen und Ihre Bewerbungsaktivitäten nicht mehr nachvollziehen. Ihre gewonnenen Informationen über den Arbeitsmarkt wären für Ihre berufliche Zukunft nicht mehr nutzbar und somit wertlos. Beim nächsten Jobwechsel, der heute jederzeit auf Sie zukommen könnte, müssten Sie wieder ganz von vorne anfangen. Die ganze Arbeit der Recherche, der Kontaktaufnahme, der Bewerbungen inklusive vergeblicher Bemühungen käme erneut auf Sie zu. Das muss wirklich nicht sein.

Wenn Sie Ihre Dokumentationen dagegen schon während Ihrer jetzt anstehenden Jobsuche professionell führen, wird etwas Einzigartiges entstehen.

> **Schaffen Sie schon während Ihrer Jobsuche eine Datenbank, damit Sie nie mehr in einen beruflichen Engpass geraten.**

Ein paar Daten zu ordnen und zu verarbeiten, hört sich recht einfach an. Die meisten Jobsuchenden hingegen unterschätzen diese Herausforderung. Schnell verliert man den Überblick. Sie benötigen eine Struktur, in der keine Informationen verloren gehen. Zu Beginn sollten Sie für Ihren Datenbankaufbau ein Zeit- und Informationssystem nutzen, das einfach und schnell zu handhaben ist.

Bereits die Software MS Outlook ist ein ideales Werkzeug, um ein solches System zu schaffen. E-Mails können abgerufen, gespeichert und verwaltet werden. Darüber hinaus können Kontakte und zahlreiche Zusatzinformationen einfach angelegt und umfangreich weiterverarbeitet werden. Ebenso sind Wiedervorlagen, Terminplanungen, Erinnerungen, Kategorisierung von Datensätzen und vieles mehr möglich.

Laufen Sie aber nicht Gefahr, sich zu verzetteln. Damit Sie nicht zu viel Zeit für die Dokumentationsarbeit verschwenden, müssen Sie unbedingt darauf achten, ein übersichtliches System einzusetzen. Falls Sie nicht sowieso MS Outlook nutzen, ist es nicht erforderlich, es sich extra anzuschaffen oder sich zeitaufwendig darin einzuarbeiten. Zumal es eine US-amerikanische Software ist, was immer die Frage der Datensicherheit aufwirft.

Es geht einfacher: Um auch allen Leserinnen und Lesern gerecht zu werden, stelle ich jetzt das allersimpelste System vor, was man sich vorstellen kann. In meiner täglichen Coaching-Arbeit ist es getestet und hat sich als durchaus effektiv herausgestellt. Mein Vorschlag lautet daher, ein System zu verwenden, das entweder auf Papier in Aktenordnern inklusive Registereinteilungen oder alternativ als Ordnerliste auf dem PC angelegt wird. Dieses einfach zu handhabende System ist wunderbar geeignet, den Einstieg zu schaffen. Für Ihre Datenbank schlage ich folgende Unterteilung vor:

1. Wiedervorlage

2. Laufende Bewerbungen

3. Positive Kontakte

4. Vergeblich kontaktiert

5. Ideen

Falls Sie das Ganze auf dem Computer organisieren möchten, entspricht die gezeigte Einteilung der „Ordnerliste". Sie legen also fünf Hauptordner an: WIEDERVORLAGE, LAUFENDE BEWERBUNGEN, POSITIVE KONTAKTE, VERGEBLICH KONTAKTIERT und IDEEN. Die einzelnen Arbeitgeberkontakte entsprechen dann Unterordnern (Firmierung = Ordnername), die je nach Bearbeitungsstand einem dieser fünf Hauptordner zugeordnet werden.

Falls Sie sich für das Arbeiten mit Papier entscheiden, können Sie zunächst mit einem einzigen großen Aktenordner beginnen. Dieser ist lediglich in die genannten fünf Abschnitte zu unterteilen.

Haben Sie Ihr Ordnersystem (PC) bzw. Ihren Aktenordner (Papier) angelegt, sind Ihre Daten einzupflegen. Die erste Handlung ist grundsätzlich die Ablage Ihrer recherchierten Arbeitgeber. Das heißt, Sie ordnen Ihre Einfälle, Rechercheergebnisse und sonstigen Notizen über potenzielle Arbeitgeber immer zuerst unter „Ideen" ein.

Ihre Datenbank wird unter „Ideen" quasi gefüttert.

Das können Daten aus den „unpassenden Stelleninseraten", Notizen, Internetausdrucke, Visitenkarten, Empfehlungen von Bekannten oder sonstige Einfälle und Infos über mögliche Arbeitgeber sein. Dort sind also die Unternehmen zu finden, von denen ich im Kapitel „Recherchephase" gesprochen habe. Ihre Arbeitgeberzielgruppe, bei der Sie sich bewerben möchten.

Falls bei Ihren Firmendaten die allgemeingültigen Telefonnummern und E-Mail-Adressen fehlen, haben Sie diese noch zu recherchieren, bevor Sie mit Kurzanfragen starten können. So lange bleiben diese Daten unter IDEEN eingeheftet (bzw. gespeichert), bis sie zum Zweck der Kontaktaufnahme vollständig recherchiert sind.

Danach beginnen Ihre Informationen durch Ihr Ordnersystem zu wandern. Erhalten Sie das gewünschte Okay für eine Bewerbung, sind die betreffenden Arbeitgeberdaten in LAUFENDE BEWERBUNGEN umzuspeichern. Werden Sie aufgefordert, sich zu einem späteren

Zeitpunkt zu melden, gehen Ihre Dokumente in die *WIEDERVORLA-GE*. Hat sich bei einem Arbeitgeber nichts ergeben, dieser sich aber dennoch als interessant herausgestellt, wandert das Ganze in *POSITI-VE KONTAKTE*. Rührt sich bei einem Kontaktversuch überhaupt nichts, gehen diese Daten in *VERGEBLICH KONTAKTIERT* usw.

Summa summarum werden also alle entdeckten potenziellen Arbeitgeber aus der „Recherchephase" erst einmal unter *IDEEN* gesammelt. Danach müssen Sie diese je nach Kontaktergebnis nur noch innerhalb Ihrer Ordnerliste umspeichern (von *IDEEN* nach *VERGEBLICH KONTAKTIERT*, von *IDEEN* nach *LAUFENDE BEWERBUNGEN*, von *IDEEN* nach *POSITIVE KONTAKTE* usw.).

Sind Arbeitgeber erst einmal unter *IDEEN* dokumentiert, gehen Ihnen keine Informationen mehr verloren.

Falls Sie mit Aktenordnern arbeiten, tritt an die Stelle des ‚Umspeicherns' einfach das ‚Ein- und Ausheften'. Das Prinzip ist das Gleiche: Entdeckte Unternehmen, die zu Ihrer Zielgruppe gehören, werden zu Beginn unter *IDEEN* eingeheftet. Danach wandern die Dokumente nur noch innerhalb Ihres Ordners.

Beispiel:

Frau N. startete ihre Datensammlung mit einem Aktenordner. Obwohl der Umgang mit dem PC für sie zur Selbstverständlichkeit gehörte, bevorzugte sie aus Gründen der Datensicherheit in manchen Fällen wieder das Arbeiten mit Papier. In den Abschnitt „WIEDERVORLAGE" heftete sie als Deckblatt einen A4-Jahreskalender ein.

Sie hatte sichergestellt, dass sie für die nächsten Wochen vormittags ungestört blieb. Sie startete ihren täglichen Arbeitstag zur Jobsuche immer mit einem gemütlichen Frühstück. Währenddessen studierte sie den Kalender ihrer „WIEDERVORLAGE" sowie die darin enthaltenen Eintragungen. Welche Ansprechpartner wünschten einen Rückruf? Wer erwartete eine Antwort per E-Mail? Welche bereits versandten Bewerbungen waren überfällig? Was war heute grundsätzlich zu tun?

Gut informiert setzte sich Frau N. anschließend an ihren Arbeitsplatz, den sie sich zu Hause extra für die Suche nach ihrem beruflichen Glück eingerichtet hatte. Sie kontrollierte zunächst ihre E-Mails: Waren auf die gestern versandten Erstanfragen schon Antworten eingegangen und wie war die Quote der Feedbacks? Absagemails druckte sie aus und heftete sie inklusive der dazugehörigen Arbeitgeberdaten im Abschnitt „VERGEBLICH KONTAKTIERT" ein. Nachrichten, in denen sie aufgefordert wurde, sich später nochmals zu melden, gingen in die „WIEDERVORLAGE". Dabei trug sie den gewünschten Zeitpunkt in den A4-Jahreskalender ein.

Erhielt sie aufgrund ihrer ersten Kontaktaufnahmen eine Zusage für eine Bewerbung, modifizierte sie schnell das Bewerbungsschreiben und sandte ihre Bewerbungsunterlagen unverzüglich ab. Gleichzeitig heftete sie den gesamten Vorgang mit allen bis dahin angesammelten Notizen und Daten in den Teil „LAUFENDE BEWERBUNGEN" um. In den Jahreskalender notierte sie sich, nach vier Wochen nachzuhaken, falls sie vom Arbeitgeber bis dahin noch nichts gehört hätte.

Waren die E-Mails abgearbeitet, begann sie anschließend zu telefonieren. Sie suchte sich aus dem Teil „IDEEN" zwanzig Arbeitgeber heraus, bei denen sie bereits die Telefonnummern recherchiert hatte. Schon während der Gespräche notierte sie sich auf ihren zuvor kopierten ‚TELEFON-GESPRÄCHSNOTIZEN' die wichtigsten Informationen. Sie wurden je nach Ergebnis der Telefonate in die entsprechenden Ordnerabschnitte eingeheftet. Von Arbeitgebern erwünschte Bewerbungsunterlagen versandte sie wieder umgehend.

War das Telefonieren beendet, widmete sie sich der Recherche. Einige in „IDEEN" eingeheftete Arbeitgeberdaten waren noch unvollständig. Diese recherchierte sie im Internet und ergänzte die fehlenden Kontaktdaten, wie allgemeingültige E-Mail-Adressen und Telefonnummern. So würde sie weitere Erstanfragen starten können.

Nun ging es an die Recherchearbeit. Heute wollte sie online bei unpassenden Stellenanzeigen nach passenden Arbeitgebern suchen. Entdeckte sie interessante Unternehmen, welche zu ihrer

Arbeitgeberzielgruppe zählten, druckte sie sich die Anzeigen aus und heftete sie zunächst unter „IDEEN" ab. Danach suchte sie im Internet nach Branchenlisten. Ergebnisse wurden ebenfalls in „IDEEN" eingeordnet.

Falls keine wichtigen Veranstaltungen anstanden, wo sie Arbeitgeber persönlich ansprechen konnte, machte sie gegen 12.30 Uhr Mittagspause. Nachmittags kontrollierte sie lediglich noch, ob alle Informationen und Daten des Tages in ihrem Ordner entsprechend eingeheftet waren. Gegen 14.00 Uhr machte sie sozusagen Feierabend. Vier Stunden konzentrierte Bewerbungsarbeit waren für sie ausreichend.

Es war Sommer. Nachmittags ging sie gerne an den Badesee. Wenn Frau N. nebenbei von einem interessanten Arbeitgeber erfuhr oder spontan eine Idee hatte, tippte sie sich stets ein paar Infos in ihr Mobiltelefon ein. Dies tat sie auch, wenn ihr etwas im Radio, im Fernsehen oder auf einem Werbeplakat auffiel. Ebenso war ihr Blick für Firmenschilder geschult. Sie kannte mittlerweile alle in ihrer Umgebung.

Abends ging sie aus und traf sich in einer Restaurant mit zwei Freundinnen. Weitere Bekannte und Freunde stießen hinzu. Während man sich unterhielt, fiel auf einmal der Name eines Unternehmens, welches Frau N. in ihre Bewerbungsüberlegungen noch nicht mit einbezogen hatte. Sie notierte sich sofort den potenziellen Arbeitgeber auf einem Bierdeckel.

Am nächsten Vormittag (nach dem gemütlichen Frühstück) übertrug sie zunächst die Daten aus ihrem Mobiltelefon in den Ordner „IDEEN". Den Bierdeckel heftete sie dort ebenfalls ab. Im Laufe der nächsten Woche würde sie alle neuen Ideen recherchieren können. Heute stand allerdings ein Vorstellungsgespräch an. Am angebotenen Job war Frau N. zwar nicht interessiert, allerdings nutzte sie diese Gelegenheit, um für wichtigere Gespräche schon einmal zu trainieren.

Ohne großes Nachdenken müssen Sie Ihre Daten lediglich umheften oder umspeichern. So landen zum Schluss alle Arbeitgeber entweder in *VERGEBLICH KONTAKTIERT* oder *POSITIVE KONTAKTE*. Im letzt-genannten Ordner befinden sich dann Ihre wichtigsten Ansprech-partner und Arbeitgeber. Aus dieser Essenz werden sich später Ihre beruflichen Beziehungen entwickeln.

Im Allgemeinen geht es in einer ersten Phase des Netzwerkauf-baus nur darum, konsequent Kontakte zu sammeln und diese zu do-kumentieren. Und genau dies tun Sie ja sowieso in der „Kontaktpha-se" während Ihrer „Jobakquisition". Sie sind also in der Lage, zwei Fliegen mit einer Klappe zu schlagen: Das heißt, Sie suchen in erster Linie Ihren neuen Job und ganz nebenbei schaffen Sie elegant die Basis eines Sicherheitsnetzes für Ihre berufliche Zukunft. Kurzum:

> **Nachdem Ihre Jobsuche erfolgreich war, wird Ihnen eine vollständige berufliche Datenbank zur Verfügung stehen.**

Das bedeutet, der ganze Aufwand, der von allen betrieben werden muss, um überhaupt mit dem Netzwerkaufbau beginnen zu können, haben speziell Sie bereits hinter sich – sozusagen als Abfallprodukt Ihrer Jobsuche.

Aber auch später sollten Sie nicht aufhören, Grundlagen zu schaffen. Vielleicht können Sie es sich jetzt noch nicht vorstellen: Sie werden, auch nachdem Sie Ihre Arbeit angetreten haben, noch zahl-reiche Nachrichten von Arbeitgebern erhalten – der sogenannte Be-werbungsnachlauf. Sogar weitere Einladungen zu Vorstellungsgesprä-chen sind sehr wahrscheinlich. Schließlich stoßen Sie während Ihrer „Recherche-, Kontakt- und Bewerbungsphase" einiges an.

Wenn der Berufseinstieg erst einmal geschafft ist, brechen aller-dings die meisten Bewerber ihre Aktivitäten abrupt ab und reagieren auf alle anderen Jobangebote nicht mehr. Sie hingegen sollten diesen Anfängerfehler möglichst unterlassen:

> **Selbst wenn Sie einen Traumjob gefunden haben, sollten Sie trotzdem noch ausstehende Gespräche wahrnehmen.**

Das ist der bequemste und vor allem effektivste Weg, um wichtige Ansprechpartner auch persönlich kennenzulernen. Diese Kontakte werden Sie die kommenden Jahre vielleicht noch dringend benötigen. Sie sind ja nicht gezwungen, jedem Arbeitgeber gleich auf die Nase zu binden, dass Sie Ihren neuen Job bereits gefunden haben. Das heißt, auch dann wenn Ihnen jemand noch ein Okay für Ihre Bewerbung gibt, rate ich Ihnen, dem Unternehmen Ihre Unterlagen zuzusenden. Behalten Sie diese Vorgehensweise solange bei, bis Sie jeden, in der „Recherchephase" entdeckten Arbeitgeber sozusagen abgearbeitet haben.

Darüber hinaus sind in Ihrer *WIEDERVORLAGE* sicher noch zu erledigende Aufgaben enthalten. Beispielsweise aufgrund von E-Mails oder Telefonaten, in denen Sie gebeten wurden, sich zu einem späteren Zeitpunkt nochmals zu melden. Tun Sie das bitte auch.

> **Diesen ganzen Aufwand müssen Sie wahrscheinlich nur ein einziges Mal in Ihrem gesamten Leben betreiben.**

Rufen Sie sich dies immer wieder ins Gedächtnis: Sind Ihre potenziellen Arbeitgeber bzw. Ansprechpartner erst einmal vollständig recherchiert, kontaktiert und in Ihrer Datenbank dokumentiert, brauchen Sie sich diese Mühe kein zweites Mal zu machen.

Ist aus Ihrer Sicht irgendwann einmal ein erneuter Jobwechsel ratsam, greifen Sie zu Hause einfach nach Ihrer beruflichen Datenbank und bauen auf bisherige Kontakte wieder auf. Sie werden feststellen, dass daraus eine völlig andere Bewerbungssituation entsteht. Zumindest wird Ihnen die Kontaktaufnahme zu wichtigen Ansprechpartnern schneller gewährt. Zudem werden Sie bemerken, dass Sie diesmal in Windeseile wertvolle Informationen über interessante offene Stellen erhalten.

> **Wird an frühere Kontakte angeknüpft, können neue Jobs meist ohne größeren Bewerbungsaufwand realisiert werden.**

Jetzt können Sie sicher besser nachvollziehen, warum das Gros der 45plus-Stellen nicht mehr öffentlich ausgeschrieben werden muss. Viele der Jobsuchenden, die im gleichen Lebensabschnitt stehen wie Sie, finden genau auf diesem unbürokratischen Weg neue berufliche Perspektiven. Vorbei an den üblichen Bewerbungskanälen.

Zurück zu dem erwähnten „Bewerbungsnachlauf": Haben Sie also Ihren neuen Arbeitsvertrag schon in der Tasche, aber eine andere Firma zeigt an Ihnen noch Interesse, dann halten Sie sich diesen Kontakt warm:

> **Trainieren Sie die Gratwanderung, jemandem absagen zu müssen und ihm zugleich ein positives Gefühl zu vermitteln.**

Falls Sie gezwungen sind, ein bestimmtes Angebot abzulehnen, machen Sie Ihren Ansprechpartnern ruhig ein paar Komplimente. Betonen Sie den guten Ruf des Unternehmens, die professionelle Arbeitsweise oder Ähnliches. Wenn Sie einen Korb zu vergeben haben, könnten Sie beispielsweise erklären, ein tolles Angebot erhalten zu haben. Sie seien nicht imstande gewesen, dieses auszuschlagen. Oder das Ganze sei jetzt aber sehr unglücklich gelaufen, obwohl das Jobangebot doch interessant sei. Sie könnten auch darlegen, dass Sie leider gezwungen waren, sich kurzfristig entscheiden zu müssen und Sie keine andere Wahl hatten.

Aufgrund Ihrer großen Lebenserfahrung sind Sie sicher in der Lage, eine freundliche Absage zu erteilen, ohne Ihrem Ansprechpartner ‚auf die Füße zu treten'.

Beachten Sie dies auch unbedingt, wenn Sie selbst von Absagen betroffen sind. Hüten Sie sich vor Eitelkeiten. Vermeiden Sie ungehaltene oder zu knapp wirkende Reaktionen. Vielleicht haben Sie ja ein wenig schauspielerisches Talent und reagieren entsprechend ‚tief enttäuscht'. Sie können sich niemals sicher sein, ob Sie eine Kontaktperson nicht doch noch einmal benötigen – gemäß dem Motto: „Man sieht sich im Leben immer zweimal."

Sehen Sie unbedingt davon ab, auch nur einen einzigen Kontakt zu ignorieren oder sogar zu verprellen.

Darüber hinaus sollten Sie daran interessiert sein, auch nachdem Sie wieder in Arbeit sind, Ihre Datenbank stetig zu erweitern. Hören Sie niemals auf, offen für neue Firmendaten zu sein.

Um regelmäßig von weiteren potenziellen Ansprechpartnern oder Unternehmen zu erfahren, gibt es neben den bereits vorgestellten Recherchevarianten auch folgende Möglichkeiten:

- **Treten Sie einer Interessengruppe bei, die Ihren Tätigkeitsbereich betrifft. Zumindest eine ehrenamtliche Position sollten Sie innehaben.**

- **Beobachten Sie regelmäßig den Stellenmarkt in Tageszeitungen und Online-Jobbörsen.**

- **Abonnieren Sie eine für Sie geeignete Fachzeitschrift oder einen Newsletter und halten sich über Ihre Branche auf dem Laufenden.**

- **Besuchen Sie Veranstaltungen, die mit Ihrer Branche oder Ihrem Aufgabengebiet zu tun haben, um Kontakt aufzunehmen, Visitenkarten zu sammeln oder sonstige Informationen zu erhalten.**

- **Achten Sie auch weiterhin auf Arbeitgeber, die im TV, im Kino, auf Plakaten, im Internet oder in Printmedien auftauchen.**

Nutzen Sie weiterhin Ihren Ordner *IDEEN* als Stoffsammlung. Falls Ihnen zufällig Arbeitgeber auffallen, die sich noch nicht in Ihrer Datensammlung befinden, sollten Sie weiterhin Firmenlogos mit Ihrem Mobiltelefon fotografieren, Firmenbezeichnungen auf eine Magazinseite kritzeln oder sich auf sonstige Art und Weise Notizen machen. Dies macht wirklich nicht viel Mühe. Ist das Ganze bei Ihnen zu Hause erst einmal abgeheftet (bzw. abgespeichert), ist es nicht mehr entscheidend, wann Sie die Daten bearbeiten, nachrecherchieren oder Kontakt aufnehmen. Das können Sie irgendwann tun, wenn Sie Lust und Laune dafür haben.

Letztendlich behalten Sie die im Kapitel „Recherchephase" beschriebene Vorgehensweise einfach bei. Lediglich die Häufigkeit wird sich deutlich reduzieren. Sie sind nicht mehr täglich aktiv, sondern

Dieter L. Schmich

eben nur noch ein- bis zweimal im Jahr. Falls sich einige Vorstellungsgespräche realisieren lassen, rate ich Ihnen, diesen Einladungen Folge zu leisten. Sie haben nichts zu verlieren und Sie bleiben zudem im Training. Vielleicht kommt sogar noch in hohem Alter ein Angebot auf Sie zu, das einen unerwarteten Karrieresprung möglich macht.

Im Übrigen wird der Ausbau Ihrer Datenbank deutlich an Dynamik gewinnen, wenn Sie erst einmal im Arbeitsalltag wieder so richtig eingestiegen sind. Sie kommen dann mehr mit Arbeitskollegen, Vorgesetzten, Kunden und Lieferanten in Kontakt. Sie bewegen sich tagtäglich in Ihrer Branche. Halten Sie dabei stets Augen und Ohren offen, schließlich könnte sich ja etwas ergeben. Insbesondere mit ausscheidenden Personen sollten Sie in Verbindung bleiben:

> **Ehemalige Arbeitskollegen und Chefs sind für Ihre zweite Lebenshälfte nahezu die perfekten Empfehlungsgeber.**

Vielleicht werden die neuen Arbeitgeber Ihrer ehemaligen Kollegen und Vorgesetzten auch für Sie einmal interessant. Dann verfügen Sie dort über Topreferenzen. Ebenso kann im Rahmen Ihres künftigen Arbeitsalltags jeder geschäftliche Kontakt eine wichtige Rolle spielen.

> **Jeder Kunde oder Lieferant, mit dem Sie in Ihrem neuen Job zu tun haben, könnte Ihr nächster Arbeitgeber sein.**

Das Gleiche gilt für Konkurrenzunternehmen: Haben Sie grundsätzlich (und diskret) einen guten Draht zu Beschäftigten konkurrierender Firmen. Vielleicht werden diese irgendwann einmal Ihre Vorgesetzten oder Arbeitskollegen sein. Bedenken Sie immer:

> **Die größten Karrieresprünge entstehen erfahrungsgemäß dadurch, weil man von der Konkurrenz abgeworben wird.**

Lange Rede, kurzer Sinn: Die erste Phase für Ihre Zukunftssicherung besteht aus dem konsequenten Dokumentieren von Arbeitgebern bzw. Ansprechpartnern. Dies ist kein zusätzlicher Aufwand – das tun Sie, wie bereits gesagt, sowieso während der „Recherchephase" im Rahmen der „Jobakquisition".

Allein mit der konsequenten Dokumentationsarbeit werden Sie einen gewaltigen Schritt zu mehr Sicherheit für Ihre zweite Lebenshälfte machen. Dies ist jedoch noch nicht ganz ausreichend, schließlich möchten Sie Ihre Kontakte nicht wieder so schnell verlieren oder sogar zu dem einen oder anderen ein besseres Verhältnis aufbauen. Es gibt infolgedessen noch etwas zu tun.

4.2 Kontakte pflegen

In dieser zweiten Phase Ihrer Zukunftssicherung haben Sie die bisher gesammelten Kontakte zu festigen. Das heißt, während Sie Ihrem neuen Job tagtäglich nachgehen, sollten Sie nebenbei die Personen in Ihrer Datenbank noch ein wenig hegen und pflegen. Aber keine Sorge, im Vergleich zur Jobsuche ist dieser Aufwand nur minimal. Mit der Perspektive, dass Sie sich in Ihrem Leben nie mehr in dieser Form bewerben müssen, sind diese Bemühungen mehr als lohnenswert für Sie.

Ihr Ausgangspunkt ist immer der Ordner POSITIVE KONTAKTE Ihrer beruflichen Datenbank. Dort befindet sich noch immer diejenige Personengruppe (in der Hauptsache noch aus der Zeit Ihrer Jobsuche), um die Sie sich jetzt ein bisschen zu kümmern haben.

Da Sie später einen Arbeitsalltag zu meistern haben, Sie sicher auch Zeit mit Ihrer Familie verbringen möchten und Sie sich vielleicht noch Ihren Hobbys widmen wollen, sollten Sie auf die Effektivität Ihrer Pflegeaktivitäten achten. Das heißt, es ist nicht erforderlich, großartigen Aufwand zu betreiben. Lediglich sich ab und zu in Erinnerung zu rufen, ist schon ausreichend, um gute Netzwerkerfolge zu erzielen. Dazu empfehle ich Folgendes:

Dieter L. Schmich

- **Finden Sie Geburtstage heraus und gratulieren Sie jedes Jahr (hierbei sind Businessnetzwerke wie XING oder LinkedIn äußerst hilfreich).**

- **Senden Sie Weihnachts- und Neujahrsgrüße.**

- **Teilen Sie Ihren Kontakten mit, wenn sich Ihre Adresse, Telefonnummer, E-Mail-Adresse oder Ähnliches geändert hat.**

- **Bitten Sie auch einmal um beruflichen Rat und holen sich eine zweite Meinung ein.**

In der Regel lieben es Menschen, Ratschläge zu erteilen. Es ist kein Problem, auch mal einen eher losen Kontakt um seine Meinung zu bitten. Insbesondere dann, wenn es um einen Brancheninsider geht.

Je öfter Sie sich austauschen, umso eher bleiben Sie beim Gegenüber im Gedächtnis. Zudem ist die Wahrscheinlichkeit recht hoch, dass es auch einmal zu einer angenehmen Plauderei kommt. Dabei verbinden Sie das Angenehme mit dem Nützlichen in einer wunderbaren Art und Weise.

Versuchen Sie zumindest ein- bis zweimal im Jahr, einen Anlass zu finden, sich zu melden. Das macht wirklich nicht viel Mühe. Auf welche Weise oder ob Sie sich öfter melden möchten, bleibt Ihnen überlassen.

> **Lassen Sie anfänglich regelmäßig etwas von sich hören.**

Und ergreifen Sie auch Gelegenheiten für ein Zusammentreffen. Nutzen Sie diese wertvollen Chancen, jemanden auch einmal persönlich sehen zu können. Die Tatsache, sich von Angesicht zu Angesicht gegenüber gestanden zu haben, ist noch immer die elementare Voraussetzung, um eine andere Beziehungsebene entstehen zu lassen. Dabei ist es gar nicht so wichtig, welcher Anlass sich für ein persönliches Gespräch bietet. Anfänglich ist oft schon ein kleiner Smalltalk am Rande einer Veranstaltung oder nur ein kurzes Aufeinandertreffen in einer sonstigen Situation ausreichend. Wenn die Chemie stimmt, entwickelt sich zumeist alles Weitere wie von selbst. Zusammenfassend für diese Pflegephase verspreche ich auf jeden Fall Folgendes:

Zukunftssicherung

> **Wenn Sie Ihre Kontakte pflegen, brauchen Sie sich um Ihre zweite Lebenshälfte keine Sorgen mehr zu machen.**

Sie werden immer ausreichend über potenzielle berufliche Alternativen informiert sein. Wenn Sie dann wieder einmal in eine erneute Phase der Jobsuche schlittern, dann nehmen Sie gelassen Ihren Aktenordner aus dem Wohnzimmerschrank und führen ein paar Telefonate. Oder Sie setzen sich an Ihren PC und schreiben ein paar Mails. Das sind dann Ihre Bewerbungsaktivitäten – mehr nicht.

Vielleicht möchten Sie aber auch aus Ihren Kontakten noch etwas anderes entstehen lassen?

4.3 Beziehungen schaffen

Wie hinlänglich erläutert, werden Sie allein mit der Pflege Ihrer Datensammlung einen großen Sicherheitsfaktor in Ihr Berufsleben einbauen können. Es gibt jedoch noch weitere Perspektiven. Wenn Sie eine gewisse Beziehung zu Ihren Kontakten aufbauen, kann ein neues soziales und berufliches Umfeld entstehen, das Ihnen für nahezu jeden Lebensbereich Hilfestellung leisten kann.

Das ganze Thema, wann und warum sich Menschen verbinden und sich gegenseitig unterstützen, stellt sich natürlich als recht komplex dar. In einem Bewerbungsratgeber, der in erster Linie gelesen wird, um einen neuen Job zu finden, ist es sinnvoll, sich lediglich auf Grundlagen zu konzentrieren. Alles andere würde den Rahmen dieses Buchs sprengen. Falls Sie an mehr interessiert sein sollten, ist dies aber kein Problem. In meinem Werk „Sicherheit und Karriere durch Networking" gehe ich sehr ausführlich auf die Prinzipien des Beziehungsaufbaus ein.

Zurück zu den Grundlagen: Allein schon Ihre Entscheidung, sich mit den Ursachen beschäftigen zu wollen, warum Menschen bereit

Dieter L. Schmich

sind, sich gegenseitig zu verbünden, wird Sie mit Riesenschritten voranbringen. Ein höherwertiges Netzwerk sollte insbesondere für diejenige Lesergruppe ein Ziel sein, die noch so viel Energie verspürt, dass sie noch einmal einen maßgeblichen Karriereschritt machen möchte. Aber auch Leser, die einfach nur Freude daran haben, neue Bekannte zu gewinnen, werden sicher an einer Weiterentwicklung ihrer beruflichen Datenbank interessiert sein. Im Allgemeinen gilt:

> **Je vertrauensvoller die Beziehung zu Ihren Kontakten ist,
> umso mehr Unterstützung werden Sie erfahren.**

Es gibt zahlreiche Gründe, warum anfänglich fremde Menschen irgendwann einmal zu Bekannten oder im Idealfall zu Freunden werden. Dabei spielen auch Zufälle und sonstige logisch nicht erklärbaren Faktoren eine wichtige Rolle. Man könnte es glückliche Umstände nennen.

Diesen nicht eindeutig fassbaren Einflüssen haben Sie jedoch an dieser Stelle schon längst Tür und Tor geöffnet: Als es noch um Ihre Jobsuche ging, hatte ich Ihnen zu einer hohen Schlagzahl in Sachen Recherche- und Kontaktarbeit geraten. Dabei mussten Sie eine natürliche Ausfallquote akzeptieren. Lediglich ein bestimmter Prozentsatz der angesprochenen Personen hat sich schließlich im Ordner *POSITIVE KONTAKTE* angesammelt. Damit haben sich bereits schon diejenigen Kontakte herauskristallisiert, die ‚irgendwie etwas' mit Ihnen zu tun haben. Darunter werden auch einige Menschen sein, die von sich heraus ein besseres Verhältnis zu Ihnen wünschen – ohne dass Sie dafür großartig etwas tun mussten. Genießen Sie das Glück, dass manchmal die Chemie stimmt, obwohl es dafür keine eindeutigen Erklärungen gibt. Die Welt funktioniert nun einmal nicht grundsätzlich nach logischen Gesetzmäßigkeiten. Eines ist jedoch sicher:

> **Je öfter Sie auf neue Menschen zugehen, umso höher ist die
> Wahrscheinlichkeit, dass sich glückliche Umstände ergeben.**

Das heißt, im Prinzip ist es in erster Linie nicht wichtig, in welcher Art und Weise Sie agieren oder wie professionell Sie neue Kontakte schaffen. Allein die Tatsache, dies mit einer ausreichend hohen Schlagzahl zu tun, wird ausreichend sein, dass sich immer wieder sehr erfreuliche Zufallsbekanntschaften ergeben.

Daneben gibt es aber auch durchaus pragmatische, andere Gründe, warum bessere Beziehungen zu Ihren Kontakten entstehen. Diese, über den Zufall hinausgehenden Ursachen, stehen nun im Mittelpunkt meiner Ausführungen: Ich untergliedere diese folgendermaßen:

1. **Nutzen bieten**

2. **Einzigartigkeit**

3. **Authentizität**

4. **Offenheit**

5. **Anerkennung bieten**

6. **Verlässlichkeit**

7. **Achtsamkeit**

Es ist immer eine Mischung aller Faktoren, warum ein besseres Verhältnis zwischen zwei Personen entsteht. Ich werde aber aus Gründen der Übersichtlichkeit alle getrennt voneinander betrachten. Dabei wird Ihnen als lebenserfahrener Mensch der eine oder andere Punkt vielleicht zu simpel erscheinen. Täuschen Sie sich bitte nicht. Ich werde Sie ganz bewusst auch auf Banalitäten ansprechen. Etwas grundsätzlich zu wissen und etwas im Alltagsleben umzusetzen, sind meist zwei verschiedene Paar Schuhe.

Nutzen bieten

Bei diesem ersten Aspekt für den Beziehungsaufbau appellieren Sie an die Egozentrik Ihrer Kontakte. Bieten Sie einen bestimmten Nutzen für das Gegenüber, ist das ein wichtiger Grund, warum man mit Ihnen einen besseren Kontakt wünschen könnte. Dies ist natürlich ein sehr pragmatischer Ansatz. Manchmal ist es aber auch unvermeidlich, sich im ersten Schritt an den Opportunismus anderer zu wenden:

> **Wenn Sie dem Gegenüber zuerst etwas Nützliches bieten, werden Sie besser seine Aufmerksamkeit gewinnen können.**

Zudem gibt es ein weiteres Argument, sich auch auf sachliche Faktoren beim Beziehungsaufbau zu fokussieren: Manche Ihrer Kontakte sind nämlich in ihrer Komfortzone gefangen oder können ihre Kontaktängste nur schwer überwinden. Da bedarf es Handfestes, damit sich solche Leute Ihnen gegenüber öffnen. Andere wiederum sind derart mit sich selbst beschäftigt oder in ihrem Leben eingespannt, dass Sie gänzlich Gefahr laufen, übersehen zu werden. In diesen Fällen hilft ebenso ein pragmatischer Wachrüttler.

Bei der Beantwortung der Frage, ob Sie für jemanden als vorteilhaft angesehen werden, können Sie jedoch nicht von sich ausgehen. Sie haben zu berücksichtigen, dass andere die Dinge etwas unterschiedlicher bewerten könnten als Sie:

> **Ausschließlich die subjektive Meinung des Gegenübers zählt, ob Sie als vorteilhaft empfunden werden oder nicht.**

Sie müssen sich demnach in andere Personen hineinversetzen und versuchen, deren Sichtweise einzunehmen. Um dies bewerkstelligen zu können, ist neben Ihrer Sensibilität und Empathie in erster Linie Ihre Konzentrationsfähigkeit gefragt. Nur wenn Sie Ihr Gegenüber in den Mittelpunkt Ihrer Überlegungen stellen, können Sie herausfinden, was es als nützlich empfindet.

Nachdem Sie sich also regelmäßig bei Ihren Kontakten gemeldet bzw. Ihre Datenbank ausreichend gepflegt haben, sollten Sie sich nach einer gewissen Zeit überlegen, für was sich die Gegenseite interessieren könnte. Insbesondere dann, wenn Sie persönlich auf Ihre Kontakte treffen, ist Ihre volle Aufmerksamkeit gefragt. Sie haben sich Fragen zu stellen:

- **Worauf reagiert das Gegenüber positiv?**

- **Welche privaten und beruflichen Wünsche gibt es wohl?**

- **Wie weit ist sie/er davon entfernt?**

- **Biete ich etwas, was ihr/ihm hilft, seine Wünsche zu erreichen?**

Stellen Sie sich gedanklich immer wieder diese Fragen. Prägen Sie sich diese ein. So können Sie trainieren, sich in die Lage anderer zu versetzen. Vielleicht tun Sie dies ja heute schon. Dennoch biete ich Ihnen eine kleine Übung an. Wählen Sie dazu eine Ihnen nahestehende Person aus und tragen Sie den Namen in die Kopfzeile der folgenden Tabelle ein:

Name der Person: ....
Worauf reagiert sie/er positiv?
Welche beruflichen oder privaten Wünsche gibt es?
Biete ich etwas, das er/sie benötigt? Und wenn ja, was?

Haben Sie sich mit Ihrem Gegenüber ausreichend auseinandergesetzt, können Sie bewerten, welche Möglichkeiten es gibt, sich aus dessen Sicht nützlich zu machen.

> **Zu Beginn Ihres Beziehungsaufbaus sind aufrichtiges Interesse und vor allem Ihre Neugier am Gegenüber gefragt.**

Daran geht leider kein Weg vorbei: Sie werden nur ernten können, was Sie gesät haben. Das heißt: Sie werden nur dann von Menschen profitieren, wenn Sie diesen im ersten Schritt erst einmal einen Anlass für deren Aufmerksamkeit bieten.

> **Fragen Sie sich in erster Linie, wie vorteilhaft Sie für andere sind und nicht, wie vorteilhaft andere für Sie sind.**

Falls Sie derzeit noch unzufrieden mit Ihrem Umfeld sind, könnte es durchaus daran liegen, dass Sie in der Vergangenheit das Ganze im umgekehrten Sinne gesehen haben.

Einzigartigkeit

Neben der Idee, anderen von Nutzen zu sein, können Sie noch versuchen, das „Prinzip der Einzigartigkeit" zu verfolgen: Wenn Sie etwas für jemanden tun, das einzig und allein nur Sie für ihn tun können, wird man sich Ihnen gegenüber garantiert öffnen. So kommen Sie automatisch dem Betreffenden etwas näher. Vorausgesetzt, Sie haben im Vorfeld herausgefunden, welche Bedürfnisse Ihr Gegenüber hat und stoßen demzufolge bei ihm auf eine bestimmte Nachfrage.

> **Helfen Sie anderen, ihre Wünsche zu erfüllen und machen Sie sich dabei unersetzlich.**

Vielleicht möchten Sie einmal Ihr Umfeld überdenken. Warum kommt man auf Sie zu? Wenn dies der Fall ist, können Sie mit hoher Wahrscheinlichkeit davon ausgehen, dass in diesem Moment nur Sie etwas bieten, was der andere gerade benötigt. Dies gilt keineswegs nur für materielle Dinge: Sorgen Sie beispielsweise für Abwechslung, Aufmerksamkeit, Anerkennung etc., sind darin ebenso Vorteile für das Gegenüber zu sehen – nur eben auf einer anderen Ebene.

Machen Sie sich also unersetzlich. Können Sie dies grundsätzlich realisieren, werden Sie eine angenehme Veränderung in Ihren Bemühungen um bessere Beziehungen feststellen:

> **Je mehr Sie einzigartige Vorteile bieten, umso geringer muss Ihr Engagement zum weiteren Beziehungsaufbau sein.**

Umso mehr werden andere auf Sie zukommen. Sie werden dann diejenige Person sein, um die man sich mehr bemüht. In der Gesamtbetrachtung ergibt sich also eine Abfolge aus vier Anforderungen:

1. **Versetzen Sie sich in die Lage von anderen Menschen.**
2. **Finden Sie heraus, welche Wünsche sie haben.**
3. **Tragen Sie dazu bei, dass sie erfüllt werden.**
4. **Machen Sie sich dabei unersetzlich.**

Um hochwertige soziale Bindungen aufzubauen, ist jedoch noch eine weitere Bedingung zu erfüllen: Sie können für Ihre Kontakte noch so vorteilhaft sein, falls man Ihnen jedoch misstraut oder Sie die Gegenseite verunsichern, werden Sie es sehr schwer haben, bessere Beziehungen zu schaffen. Ihre Ausstrahlung spielt nämlich eine wichtige Rolle. Dazu jetzt mehr.

Authentizität

Ich warne davor, sich mit aller Macht beliebt machen zu wollen. Dies ist kontraproduktiv. Es funktioniert in den wenigsten Fällen. Die meisten Menschen spüren instinktiv, wenn man sich zu sehr von seinem Grundnaturell entfernt. Versuchen Sie krampfhaft, etwas darzustellen, was Ihnen nicht entspricht, wirken Sie eher unglaubwürdig als anziehend. Man traut Ihnen nicht über den Weg oder meidet Sie im schlechtesten Fall sogar.

Bei diesem Thema spielt das Bauchgefühl, Intuition, Empathie, etc. des Gegenübers eine wichtige Rolle. Wie Sie wissen, nehmen

Dieter L. Schmich

andere Sie nicht nur optisch (sehen) und auditiv (hören), sondern in der Hauptsache über eine tiefer liegende Gefühlsebene wahr. Stimmt das, was der andere bei Ihnen fühlt, mit dem überein was er von Ihnen zu hören oder zu sehen bekommt, entsteht für ihn eine emotionale Eindeutigkeit. Sie sind sozusagen gut einschätzbar. Sie strahlen Authentizität aus. Das Gegenüber kann dadurch klar beurteilen, ob Sie eher bedrohlich oder harmlos sind. Dabei ist es egal, welcher Schluss gezogen wird. Wichtig ist nur, dass der andere zu einem grundsätzlichen Ergebnis kommt. So können Menschen entscheiden, Abwehrmaßnahmen einzuleiten oder aber auch nicht. Man ist vorbereitet und weiß, was zu tun ist. Der andere fühlt sich schlicht sicher.

Jetzt setze ich einmal voraus, dass Sie keine bedrohlichen Ziele gegenüber Menschen verfolgen. Bleiben also nur harmlose Absichten Ihrerseits übrig. Dennoch kann es passieren, dass man Ihnen gegenüber im Übermaß vorsichtig reagiert. Dies kommt immer dann vor, wenn Sie eine äußere Rolle einnehmen, die mit Ihrem Inneren im Widerspruch steht. Für das Gegenüber entsteht eine ungeklärte Situation. Das, was man hört und sieht, passt nicht zu dem, was man fühlt. Es werden vorsichtshalber innere Abwehrmaßnahmen eingeleitet. Obwohl Sie im Vorfeld völlig harmlose Absichten hatten, werden Sie mit einer Habachtstellung konfrontiert. Ihr Gegenüber erlebt subjektiv eine Art Bedrohungssituation. Dass Sie in diesem Moment nicht sympathisch wirken können, versteht sich von selbst.

> **Stimmt Ihre Gefühlswelt nicht mit dem überein, was Sie sagen oder tun, ist es nicht möglich, sympathisch zu wirken.**

Auch wenn viele Menschen, mit denen Sie zusammentreffen, sich nicht bewusst sind, was sie genau spüren, so schlägt deren Intuition dennoch Alarm. Und infolgedessen erleben Sie dann diese unangenehme Situation, dass man Ihnen mit Misstrauen begegnet. Im Extremfall sogar mit Aggression. Sie haben genau das Gegenteil von dem produziert, was Sie ursprünglich vorhatten. Kurzum:

Authentizität ist die Voraussetzung für den Beziehungsaufbau.

Sicher stimmen Sie mir zu, dass wir alle ab und zu eine bestimmte Rolle spielen. Dies ist in einigen Situationen zweckmäßig und manchmal geht es auch nicht anders. Aber alles hat seine Grenzen. Wie sieht es bei Ihnen aus? Übertreiben Sie es manchmal mit Ihrer schauspielerischen Kunst? Was meinen Sie? Betrifft Sie das Thema der mangelnden Authentizität? Passiert es Ihnen öfter, dass sich Menschen Ihnen gegenüber verschließen? Werden Sie im Extremfall manchmal gemieden oder sogar gemobbt? Dann ist die Wahrscheinlichkeit mehr als hoch, dass Ihr äußeres Verhalten zu stark von Ihrer inneren Gefühlswelt abweicht.

Klären Sie nun, ob es notwendig ist, authentischer zu sein. Nutzen Sie dazu die folgende Tabelle:

	Bin ich ausreichend authentisch?
Wann haben Sie sich zuletzt bewusst unnahbar präsentiert?	
Was wollten Sie dadurch erreichen?	
War dies unbedingt nötig?	
Verstellen Sie sich grundsätzlich, wenn Sie auf Fremde treffen?	
Wenn ja, warum?	
Bessert sich dies bei näherem Kennenlernen?	
Haben Sie das Gefühl, dass Sie schon Ihr ganzes Leben eine bestimmte Rolle spielen?	
Wenn ja, warum?	
Was können Sie tun, um das abzulegen?	

Offenheit

Selbstverständlich zählt Offenheit ebenfalls zur Basis für den Beziehungsaufbau. Bringen Sie deshalb den Mut auf, sich Neuem zu öffnen. Natürlich müssen Sie sich nicht gleich Hals über Kopf in alle neuen Situationen stürzen oder sich allen Ihren Kontakten offenbaren. Oft reicht es aus, sich selbst ein wenig mehr einzubringen.

Beim Aufbau von persönlichen Beziehungen bedeutet dies, dass Sie sich irgendwann von Ihrer privaten Seite zeigen müssen. Lassen Sie Ihr Gegenüber ein wenig mehr an Ihrem Leben teilhaben. Das bedeutet keinesfalls, sofort intime Details ausplappern zu müssen. Aber es bieten sich vielleicht einige familiäre Aspekte an, die Sie einfließen lassen können. Oder Sie geben einige wenige persönliche Ansichten oder Gefühlsempfindungen preis. Dies wird angenehm auffallen und mehr Nähe bringen.

> **Der Mut zur Offenheit bewirkt, dass sich im Gegenzug auch andere Ihnen gegenüber öffnen.**

Man wird Ihnen mehr vertrauen und Ihr Verhältnis zu den jeweiligen Personen wird ein wenig persönlicher. Die Kommunikation und der allgemeine Kontakt werden gehaltvoller. Zudem bereitet es durchaus Freude, sich nicht nur oberflächlich auszutauschen.

Anerkennung bieten

Dieser Aspekt zum Beziehungsaufbau ist besonders simpel in die Tat umsetzbar. Trauen Sie sich:

> **Fällt Ihnen etwas Positives am anderen auf, dann sprechen Sie das bitte auch aus.**

Achten Sie deshalb darauf, ob jemand etwas erfolgreich gemeistert hat. So können Sie ein paar positive Worte der Anerkennung aussprechen:

- **Würdigen Sie öffentlich positive Leistungen anderer.**

- **Haben Sie den Mut, Komplimente zu machen.**

Dies ist kein Anbiedern. Positive Feedbacks, die ernst gemeint sind, wirken authentisch. Zudem können Sie so hervorragend Ihre Beobachtungsgabe und Ihre Aufmerksamkeit unter Beweis stellen. Im Übrigen erhalten die meisten Menschen in Ihrem Alltag sehr wenig Anerkennung und Lob. Wenn es gerade Sie sind, der sich lobend äußert, können Sie sicher sein, einen bleibenden positiven Eindruck zu hinterlassen.

Verlässlichkeit

Sie können sich ja mal ein paar Fragen stellen: Auf wen in Ihrem Umfeld können Sie sich denn blind verlassen? Halten Sie ein paar Minuten inne – und jetzt die nächste Frage: Wer von den Personen, die Ihnen eingefallen sind, hält grundsätzlich alle Verabredungen ein? Wer erscheint zudem immer pünktlich?

Wie viele Menschen, die Sie kennen, erfüllen gleichzeitig alle drei Kriterien? Erstaunlich, wie gering diese Zahl ist, nicht wahr?

Kennen Sie Kontakte, Bekannte oder Freunde, die grundsätzlich ein bisschen später zu einer Verabredung erscheinen? Sind dabei auch solche, die über ihr unpünktliches Erscheinen rechtzeitig Bescheid geben und zugleich meinen, dass dadurch alles in Ordnung sei? Die niemals bemerken, dass andere es dennoch als Unverschämtheit empfinden.

Es gibt Leute, die es sich sogar regelmäßig leisten, Verabredungen komplett abzusagen. Auch hier sind immer wieder plausible Erklärungen zu hören, warum es nicht anders zu machen war. So gibt es für die versetzte Person keinen vordergründigen Anlass, sich zu ärgern, schließlich möchte man sich auch verständnisvoll und tolerant zeigen. Aber man ärgert sich dennoch – und das zu recht.

Auch wenn das vorstehende Beispiel trivial erscheinen mag, das Ganze geht weit über das Thema ‚pünktliches Erscheinen' hinaus. Die

Beschreibung zahlloser weiterer Situationen wäre möglich. Letztendlich geht es um die Achtung vor Menschen.

> **Von Ihrem respektvollen Umgang mit anderen wird auf Ihre gesamte Vertrauenswürdigkeit rückgeschlossen.**

Möchten Sie jemals weiterempfohlen werden, müssen Sie in hohem Maße sicherstellen, nicht den Eindruck zu erwecken, unzuverlässig zu sein. Dabei ist das exakte Einhalten von Terminen sicher der trivialste Weg, dies zu dokumentieren. Erscheinen Sie zudem ohne Ausnahme auf die Minute pünktlich, wird dies hundertprozentig positiv auffallen.

Natürlich gibt es über das minutengenaue Einhalten von Terminen hinaus noch unzählige Möglichkeiten, Ihre Integrität unter Beweis zu stellen. Grundsätzlich sollten Sie zu den wenigen Personen zählen, die Versprechen oder sonstige Zusagen ohne Ausnahme einhalten. Auch dann, wenn es manchmal Mühe macht. Das Schlimmste, was Ihnen hinsichtlich Ihres Rufs widerfahren kann, ist, unter vorgehaltener Hand als nicht vertrauenswürdig abgestempelt zu sein. Dies wäre der Super-GAU für Ihr Netzwerk. Sie könnten unzählige Personen kontaktieren, sich immer wieder melden, authentisch sein, einen einzigartigen Nutzen bieten und vieles, vieles mehr, dennoch würden sich Ihre Beziehungen niemals verbessern.

Im Übrigen werden Sie wahrscheinlich niemals auf Ihre Verlässlichkeit angesprochen werden. Auf Lob oder ein positives Feedback werden Sie ebenso vergeblich warten. Lassen Sie sich jedoch nicht täuschen. Ich garantiere Ihnen, dass es sehr wohl registriert wird. Eine entsprechend positive Kommunikation über Ihre Person (und zwar wenn Sie nicht anwesend sind) wird die logische Folge sein.

Achtsamkeit

Achtsamkeit ist eine Form der Aufmerksamkeit im Zusammenhang mit einem besonderen Wahrnehmungs- und Bewusstseinszustand. Bei Menschen, die ein erfolgreiches Berufsleben durchlaufen, ist ein bestimmter Umstand immer wieder auffällig. Neben Ihren hervorragenden fachlichen und sozialen Fähigkeiten sind sie in der Lage, günstige Gelegenheiten wahrzunehmen. Sie haben ein Gespür für wichtige Situationen. Sie sprechen zum richtigen Zeitpunkt am richtigen Ort mit der richtigen Person.

Das Gros erfolgreicher Menschen hat infolgedessen eine ganz bestimmte Eigenschaft gemein: Sie sind ihrer Umwelt gegenüber achtsam. Dies ist die Voraussetzung, um glückliche Umstände wahrnehmen zu können.

Es geht nicht darum, Glück zu haben, sondern es zu erkennen.

Falls Sie das nicht bereits tun, sollten Sie ab sofort mit offenen Augen durch die Welt gehen. Was bekommen Sie von Ihrer Umwelt mit? Wie bewusst erleben Sie Ihren Alltag?

Wenn das Schicksal Ihnen die Hand reichen möchte, sollten Sie das schon bemerken.

Wie achtsam sind Sie, wenn Sie mit Menschen in Berührung kommen? Sie erleben ständig Situationen, in denen Sie auf unbekannte Personen treffen. Dies kann auf einer Geburtstags- oder Familienfeier sein. Oder bei anderen Gelegenheiten, in welchen Sie jemanden das erste Mal sehen. Irgendwo sitzt jemand Fremdes wie zufällig neben Ihnen. In Seminaren sind neue Teilnehmer anwesend oder Sie werden irgendwo angesprochen. Es gibt unzählige Anlässe, neue Menschen kennenzulernen und vor allem zu bemerken.

Wenn Sie sich in der Öffentlichkeit bewegen, sollten Sie geistig präsent sein. Vielleicht begegnen Sie einmal jemandem, der Ihnen die entscheidende Information liefert. Vielleicht den Tipp schlechthin.

Menschen und Umständen sollte ein Mindestmaß an Aufmerksamkeit gewidmet werden.

„Ich kann mir einfach keine Namen merken." Solche Ausreden hören Sie regelmäßig. Natürlich sind Sie nicht permanent gewillt, sich auf alles und jeden zu konzentrieren. Wird dies jedoch zur Regel, kann davon ausgegangen werden, dass eine gewisse mentale Bequemlichkeit im Spiel ist. Während der Namensnennung ist man ganz einfach zu faul, sich auf das Gegenüber zu fokussieren. Vielleicht läuft man sogar abwesend durch die Welt. Oder man beschäftigt sich ständig mit sich selbst und nimmt seine Umwelt nur teilweise oder im Extremfall überhaupt nicht wahr. Wie verhält sich dies bei Ihnen?

Bewerten Sie sich doch einmal selbst. Wie erleben Sie Ihre Mitmenschen oder Ihren Alltag? Machen Sie sich doch einmal Gedanken über die letzten Tage. Die folgende Tabelle wird Ihnen dabei behilflich sein:

	Notizen
Welche Augenfarben hatten die Personen, mit denen ich heute gesprochen habe?	
In welcher Stimmung waren die Menschen, mit denen ich heute zu tun hatte?	
Mit wem hatte ich diese Woche das erste Mal Kontakt? Wie lauteten deren Namen?	
Welche Lieblingsspeisen haben meine besten drei Freunde/Bekannte?	

Alles was Sie bisher erlebt, erreicht oder erlernt haben, wurde maßgeblich von anderen Personen beeinflusst.

Dies wird auch in Zukunft so bleiben. Möchten Sie zudem Neues erleben oder erreichen, ist die Wahrscheinlichkeit recht hoch, dass Sie dazu auch neue Kontakte brauchen. Insbesondere im Berufsleben werden Sie immer wieder Vorgesetzte, Firmeninhaber oder sonstige Persönlichkeiten benötigen, die Sie im richtigen Moment unterstützen oder Ihnen wichtige Informationen und Ratschläge geben.

Werden die Zeiten zudem härter und die soziale Absicherung des Staates schwindet gänzlich, wird es entscheidend sein, ob es in Ihrem Leben eine Gruppe Ihnen nahestehender Personen gibt, von welchen Sie geschätzt werden und die bereit sind, Ihnen unter die Arme zu greifen. Insbesondere für die Fälle Krankheit und Altersschwäche wird das nähere Umfeld die wegfallende Schutzfunktion des Staates wohl auffangen müssen. Das Gleiche gilt natürlich auch dann, wenn Sie in existenzielle Schwierigkeiten geraten sollten. Schließlich ist das in einer Welt, die mittlerweile von Staatspleiten, Finanzkrisen und Wetterextremen geprägt ist, durchaus möglich.

Sie sollten es also wagen, ein paar kleinere emotionale Risiken einzugehen und sich zur Absicherung Ihrer zweiten Lebenshälfte ein soziales und berufliches Netzwerk aufbauen. Es lohnt sich:

Verfügen Sie über viele Vertraute, ist eine glückliche zweite Lebenshälfte, egal was Sie darunter verstehen, garantiert.

4.4 Fazit

Sie sind am Ende dieses Ratgebers angelangt. Grundsätzlich besteht die vorgestellte 45plus-Strategie aus einem kausal verknüpften Gesamtkonzept, das aus drei Modulen besteht:

1. **Auf welche Weise Sie sich Ihrer großen Lebens- und Berufserfahrung bewusst werden und sich dadurch besser vermarkten können.**

2. **Durch welche Bewerbungstechniken Sie, trotz Ihres Lebensalters, noch einmal einen attraktiven Job finden.**

3. **Wie Sie es erreichen können, sich nie mehr im Leben in dieser Form bewerben zu müssen.**

Das erste Modul „Selbstmarketing" stellt praktisch die grundsätzliche Vorarbeit dar. Darin sollten Sie ein gewisses Selbstbewusstsein entwickeln für Ihre 45plus-Sonderaustattungen – Ihre Persönlichkeit und Ihre Berufserfahrung.

Mit einer Ihrem Know-how entsprechenden Ausstrahlung schaffen Sie Voraussetzungen für die sich anschließende „Jobakquisition". Mit diesem zweiten Modul werden Sie den „Verdeckten Stellenmarkt" erobern. Sie hören praktisch auf, im Internet oder in Zeitungen nach Stellenanzeigen zu suchen. Vielmehr wenden Sie eine Bewerbungstechnik an, die für Ihren derzeitigen 45plus-Lebensabschnitt erfolgversprechender ist. Das bedeutet, Sie finden nicht nur mehr offene Positionen, sondern vor allem auch diejenigen, die für gestandene Persönlichkeiten geeignet sind. Zudem entledigen Sie sich des Wettbewerbs der jüngeren Konkurrenz. Mehr Jobangebote werden die Folge sein.

Ein Nebenprodukt der „Jobakquisition" ist, dass Sie das dritte Modul der 45plus-Strategie gleich mit vorbereiten. Während Ihrer Jobsuche entsteht nahezu automatisch eine berufliche Datenbank. Diese können Sie zu einem Netzwerk weiterentwickeln, das Ihre berufliche Zukunft absichern wird. Sollten sich tatsächlich wieder einmal unvorteilhafte Arbeitsbedingungen einstellen oder sogar eine Kündigung drohen, können Sie gelassen bleiben. Sie brauchen in Zukunft dann nur noch ein paar Stunden telefonieren oder E-Mails zu schreiben, um berufliche Alternativen zeitnah zu generieren. Mit einem Sicherheitsnetz im Rücken werden Sie nie mehr das Gefühl haben, existenziell von einem Arbeitgeber abhängig zu sein. Mehr Gelassenheit und eine höhere Lebensqualität ist die Folge.

Jetzt allerdings müssen Sie den allerersten Schritt in die richtige Richtung tun. Es stehen zunächst Ihre Startvorbereitungen an: Analysieren Sie Ihr berufliches Profil und pflegen die Ergebnisse werbewirksam in Ihren tabellarischen Lebenslauf ein. Danach müssen Sie nur noch infrage kommende Unternehmen recherchieren, kontaktieren und dokumentieren. Dabei akzeptieren Sie, dass Sie nur bei zirka zehn Prozent Ihrer Anfragen das Okay für Ihre Bewerbung erhalten. Diese geringe Quote wird ausreichend sein, um mit Riesenschritten voranzukommen.

Bitte erkennen Sie die prinzipielle Einfachheit des vorgeschlagenen Ablaufs: In letzter Konsequenz läuft alles auf zwei simple Fragestellungen hinaus:

- **Ist eine Bewerbung für meinen Bereich sinnvoll?**

- **Wer ist mein Ansprechpartner?**

Stellen Sie am besten jeden Tag fünf bis zehn potenziellen Arbeitgebern diese beiden Fragen. Mit dieser Schlagzahl wird sich der Erfolg schneller einstellen, als Sie derzeit vermuten.

> **Sprechen Sie täglich potenzielle Arbeitgeber auf Ihren Berufswunsch an.**

Ich wünsche Ihnen von Herzen viel Bewerbungserfolg und eine erfüllende zweite Lebenshälfte.

Ihr Dieter L. Schmich

PS: Im Übrigen freue ich mich über Rückmeldungen und Anregungen. Sie können mich online über *WWW.BEWERBUNGS-CENTER.COM* oder über die Businessnetzwerke *XING* und *LINKEDIN* erreichen.

dielus **edition**
Ratgeber für Job und Karriere

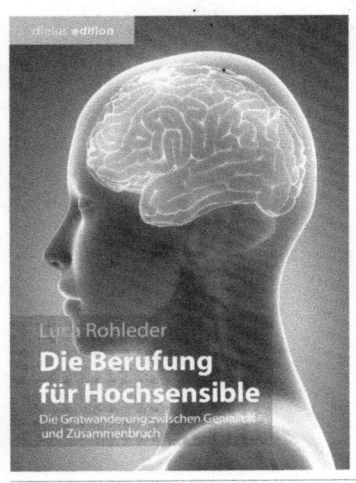

Die Berufung für Hochsensible
Die Gratwanderung zwischen
Genialität und Zusammenbruch
ISBN 978-3981571141

**Lebenslauf, Anschreiben,
Erfahrungsprofil, Arbeitszeugnisse**
Aktuelle Anforderungen für hochwertige
Bewerbungsmappen und Onlinebewerbungen
ISBN 978-3981571110